图像修复和图像融合

李巧巧 著

清华大学出版社
北京

内 容 简 介

图像信息处理是一个多阶段、多途径、多目标的信息处理过程。本书主要介绍了数字图像处理领域的图像修复和图像融合的基础知识，以及有关的前沿处理方法和处理结果。图像修复和图像处理是数字图像处理中的两个重要分支，其目的都是得到一幅清晰的图像，以便从该清晰的图像中获得更加丰富的信息，方便后续的处理。

本书适合电子科学与工程类、计算机科学与技术类以及与图像处理相关专业的本科生和研究生使用，也可供相关方向的科研人员参考。

图书在版编目（CIP）数据

图像修复和图像融合 / 李巧巧著.—北京：清华大学出版社，2023.7
ISBN 978-7-302-63411-9

Ⅰ．①图…　Ⅱ．①李…　Ⅲ．①数字图像处理　Ⅳ．①TN911.73

中国国家版本馆 CIP 数据核字（2023）第 068601 号

责任编辑：袁勤勇
封面设计：常雪影
责任校对：韩天竹
责任印制：刘海龙

出版发行：清华大学出版社
　　　　　网　　　　　址：http://www.tup.com.cn, http://www.wqbook.com
　　　　　地　　　　　址：北京清华大学学研大厦 A 座　　　邮　　编：100084
　　　　　社　总　机：010-83470000　　　邮　购：010-62786544
　　　　　投稿与读者服务：010-62776969, c-service@tup.tsinghua.edu.cn
　　　　　质 量 反 馈：010-62772015, zhiliang@tup.tsinghua.edu.cn
　　　　　课 件 下 载：http://www.tup.com.cn , 010-83470236
印 装 者：三河市铭诚印务有限公司
经　　销：全国新华书店
开　　本：185mm×260mm　　　印　张：7.5　　　字　数：153 千字
版　　次：2023 年 8 月第 1 版　　　印　次：2023 年 8 月第 1 次印刷
定　　价：39.00 元

产品编号：098986-01

前　言

　　本书主要介绍数字图像领域中的图像修复和图像融合。

　　图像修复是将因各种原因造成的图像损失根据图像中未破损区域的信息来修复破损区域信息的技术。图像修复最早起源于文艺复兴时期，修复工作者们通过双手修复中世纪的艺术品。随着数字技术的发展，图像修复已经成为图像处理中的一个重要分支，广泛应用于军事、医学、工业等领域。图像修复的方法可以分为三类：基于扩散的图像修复方法、基于块匹配的修复方法和基于稀疏表示的图像修复方法。基于扩散的方法是利用一些先验知识从破损区域的外部向内部进行局部结构扩散，从而完成修复。基于块匹配的方法是从待修复区域选定一个目标块，然后利用比较的方法从未破损区域找出与目标块最相似的一块或者几块。基于稀疏表示的方法是利用未破损区域的信息来估计破损区域的信息，克服了在基于块匹配的修复算法中由贪心搜索策略引起伪信息的问题。本书重点介绍基于稀疏表示的图像修复算法。

　　图像融合是将由相同或者不同传感器获得的两幅或者多幅图像融合为一幅图像，使得融合后的图像包含更多的信息以利于后续图像处理的应用。图像融合广泛应用于医学成像、卫星遥感等领域。图像融合算法总结起来可以分为三个层次：像素级融合、特征级融合和决策级融合。由于像素级融合能尽量保持源图像信息，并且包含常见的图像融合种类，例如多聚焦图像融合、医学图像融合等，所以本书重点介绍像素级图像融合，主要是多聚焦图像融合和医学图像融合。多聚焦图像融合可将两幅同一场景下聚焦区域不同的图像融合成一幅全清晰的图像，以提高图像的信息利用率。医学图像融合可将来自不同模态的医学图像，比如计算机断层扫描（Computer Tomography，CT）和磁共振成像（Magnetic Resonance Images，MRI）图像进行融合，从而弥补了单一模态医学图像在局部细节信息描述上的局限性，为医生获得疾病诊断提供充足的信息。

　　本书分为 7 章。

　　第 1 章为图像修复和图像融合的背景知识介绍以及相关研究方法的分类。

　　第 2 章为本书需要的一些基础知识，包括稀疏表示理论、结构保边滤波器以及图像修复和图像融合常用到的评价指标。

　　第 3 章主要介绍了基于稀疏表示的图像修复以及相关字典的构造影响修复结果，讨论了两种不同的构造字典的方法及利用不同字典所得到的修复结果。

第 4 章和第 5 章分别介绍了基于相位一致性和保边滤波器的多聚焦图像融合算法。相位一致性是一种有效的聚焦区域评价函数，能够准确计算出聚焦的区域；保边滤波器利用其类似变换域的作用将图像分为两个部分，同时尽量保持图像的边缘特性。

第 6 章介绍了基于分割谱滤波器和稀疏表示的医学图像融合。分割谱滤波器是一种新颖的保边平滑滤波器，实验结果证明了其在医学图像融合方面的有效性。

第 7 章总结前 6 章的主要内容并对以后的研究方向进行展望。

本书主要对数字图像处理中的图像修复和图像融合及其相应算法进行了详细的描述，可以为对图像处理研究有兴趣的大学生、研究生及研究人员提供参考。

本书受到甘肃省自然科学基金（No.21JRTRA167）、西北民族大学引进人才项目（No.xbmuyjrc2020003）和中央高校基本科研业务费（No31920220037）的资助。本书采用 Elegant Book 模板，在此对该项目组成员表示衷心的感谢。在本书编写过程中，西北民族大学中国民族信息技术研究院的领导和同事给了我很大的鼓励和支持，数学与计算机学院王维兰教授提出了很多宝贵的意见，同时本书能顺利完成离不开我的爱人赵东东的支持，在此一并表示衷心的感谢。

由于编者水平有限，书中难免出现错误及不妥之处，恳请有关专家和读者批评指正。

编 者

2023 年 7 月

目　录

第1章

背 景 知 识

1.1　图像修复背景

早在文艺复兴时期，中世纪艺术品开始被修复，目的是通过填补裂痕使更多中世纪的艺术品"更新"[1-2]，这个处理过程被称作修饰或修复。图像修复是一个数据补全问题，其目的是恢复或者填充一幅退化图像里面丢失的信息。Bertalmio 等在文献[3] 中首次将图像修复应用到图像处理中。如今，图像修复已经广泛应用在数字效果（例如物体去除）、图像复原（例如照片中划痕或者文本的去除）、图像编码和传播（例如丢失块的复原）等[4]。所有的图像修复算法都基于一个假设，即图像中已知区域的像素拥有同样的统计特性或几何结构。这个假设可以理解为不同的局部或全局先验，目的是使得修复完成的图像尽可能的在物理上合理视觉上令人愉悦，如图 1.1 为图像修复的一个例子。

（a）破损图像　　　　　　　　（b）修复图像

图 1.1　　多聚焦图像融合

根据所采用技术的不同，图像修复的方法可以分为三类[4-5]。第一类是基于扩散的图像修复方法[3,6]。在这类方法中平滑性先验通过参数模型或者是偏微分方程从破损的洞的外部向内部进项局部结构扩散。这类方法适用于修复直线、曲线和小范围区域，不适合修复大范围丢失区域的细节信息。

第二类是基于块的修复算法[7-8]，这种方法是从未破损区域中的一系列候选块中利用相似的比较方法找到与待修复块中最匹配的块。基于块的方法与基于扩散的方法相比，对大的丢失区域可以获得合理的修复结果。但是，这种方法往往是从未破损区域利用贪婪方法选择最适合的匹配块，从而导致在修复区域会出现一些我们不想要的信息或者伪信息[9]。

第三类是基于稀疏表示的方法[9-11]。这类方法的基本思想是通过一系列过完备变换（例如小波变换、轮廓小波变换、离散余弦变换）的稀疏组合来表示一幅图像，然后丢失的像素通过适应性的更新稀疏表示而被推断出来[4-5]。在稀疏表示中，适应性决定块的数量和它们的系数，这种决定块的数量的方法也代替了仅仅找到一个最相似的块或者是固定一定数量的相似块，使得这种方法克服了在基于块匹配的修复算法中由贪心搜索策略引起的伪信息。因此，在本书中基于稀疏表示的图像修复算法将被着重介绍。

在本书中关于图像修复的部分，编者首先提出一种新颖的、基于直方图生成的、相关字典的图像修复方法。相关字典是由基于直方图的相似性比较算法来进行构建的。详细地说，利用直方图进行相似性比较的方法可以分为四步：第一步，计算目标块（待修复块）和候选块的直方图；第二步，比较目标块和候选块的三通道直方图；第三步，对第二步得到的三通道直方图差异进行求和并排序；最后，相似的块就可以从排列的顺序中选择出来了，具体来说，在序列中越靠前表示目标块与候选块之间的相似性越大。因此，由这些相似的块构建的相关性字典与目标块具有紧密的联系。这种比较方法是由 R、G、B 三通道直方图的差异求和来进行排序的，这就会导致出现不同块的三通道直方图差异求和的数值是一样的情况，由此在我们选择相似的块构成字典的时候会出错。

为了避免这种错误的出现，编者提出一种新的直方图字典来进行图像修复。直方图字典仍然是利用直方图的相似性比较方法来进行构建的。直方图字典与相关性字典最大的区别在于利用直方图构成字典的第三步，其不同之处在于，前者从 R、G、B 三通道里面选择差异最大的那个通道。其他步骤与利用相似性比较方法构成相关字典的方法一样。因此，本书中的另外一个目标是提出一种利用直方图字典的基于稀疏表示的图像修复方法。

1.2　图像融合背景

随着现代科学的发展和新技术的广泛应用，特别是电子光学的实际应用、摄影技术提高、高性能计算机的普及，以及人们生活水平的提高，单个传感器获得的图像已经很难满足人们实际运用的需求，这就促使了能够提供信息丰富和形式多样的数据的多传感器的运用和发展[12-16]。然而，多传感器在实际应用中提供的信息含有冗余和互补的特性，随之而来产生了一个问题：如何才能更有效地把不同传感器获得的信息融合到一个新的数据中，以便对被测对象进行一致性解释和描述[13,17-22]。多源信息融合（multi-sensor image fusion）正是为解决这问题而发展起来的。多源信息融合主要通过某种算法，对来自于多个传感器采集的信息在时间或空间上进行更多方面、更多层次、更多级别的处理和组合，以便获得更加丰富、更加准确、更加可靠的有用信息[13,23-24]。

图像融合是信息融合领域内把图像作为研究对象的研究领域，近年来已经吸引了越来越多科研工作者的关注[19-20,22-23,25-33]。图像融合是将多个不同传感器获得的多个图像信息进行综合处理，满足某种特定需求的一项技术[29,34-35]。经过图像融合获得的图像能够准确综合地反映原有图像的信息，更加适合人眼的观测和计算机处理。此外，图像融合技术还能够提高系统的可靠性和信息的利用率[36]。基于图像融合的多种优点，它的应用涉及各个方面：军事应用[37-39]，包括自动目标识别、自动车辆导航、遥感、战场侦查和自动威胁识别系统；非军事应用，包括机器人技术[40] 和医学领域应用[17,41] 等。

1.2.1 图像融合的分类

根据图像融合在处理流程中所处的阶段不同，可分为 3 类[14,42-43]：像素级图像融合、特征级图像融合、决策级图像融合。

（1）像素级图像融合结合了来自于不同传感器的原始数据，这种方法是比较集中的并且能够产生大部分准确的结果。但是，像素级图像融合要求传感器的大小相同，也就是说感测数据相似的情况下才能够融合。另外，完整的传感器观测数据需要传送到中央处理设备，这就意味着需要大的通信带宽[42-43]。像素级图像融合结构图如图 1.2 所示[15]。

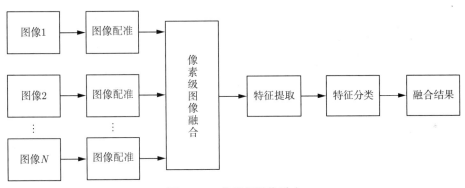

图 1.2　像素级图像融合

（2）特征级图像融合的特征向量是从传感器观测数据中提取出来的，这些特征向量随后用来进行融合。在这种情况下，数据通信需求就降低了。但是，在从原始数据中产生特征向量的过程中信息会有损失，所以融合结果的准确性就会降低[42-43]。特征级图像融合结构图如图 1.3 所示[15]。

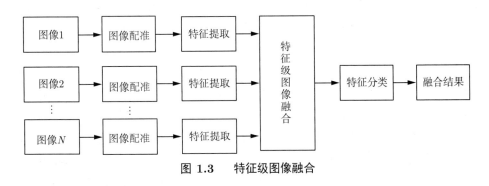

图 1.3　特征级图像融合

（3）决策级图像融合中每一个传感器根据自己所采集的数据做出决策。随后这些决策结合在一起用来产生最后的推理。首先，因为传感器观测数据的信息压缩，决策级图像融合产生的结果是这三种融合方法中最准确的。其次，决策级图像融合的特点是通信带宽被极大的降低。最后，决策级图像融合的传感器不需要完全一样[42-43]。决策级图像融合结构图如图 1.4 所示[15]。

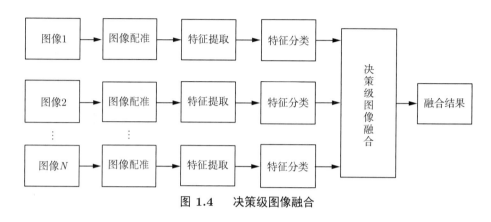

图 1.4   决策级图像融合

各个层次上的图像融合技术具有各自的优缺点，它们不仅可以独立实现，而且彼此之间有着密切的联系。所以在实际的操作中，我们可以根据不同融合层次的特点，结合实际的需要进行选择，以便获得最优的融合结果。

1.2.2   多聚焦图像融合

由照相机获得的图像往往受到镜头景深的限制，导致很难使获得的一幅图片中每个物体都是清晰的，并且不同的物体由于距离镜头的远近不同导致它们大小不一[44-46]。这种影响可能会对人类观察或计算机进一步处理产生不利的影响。为了解决这个问题，有学者提出了多焦点图像融合技术[47]。这项技术设法检测同一场景的多聚焦图像中的聚焦区域，然后将它们整合生成一幅合成图像，使其所有感兴趣的物体都是聚焦的。如图 1.5 是多聚焦图像融合的一个例子。到目前为止，许多图像融合算法已经被学者提出来了[48-52]。根据视觉信息组合的领域，这些算法可以粗略地归结为两类：基于变换域的方法和基于空间域的方法。它们的区别在于基于变换域的方法处理变换系数，而基于空间域的方法直接处理像素。基于变换域的算法过程如下：首先，利用尺度变换获得输入图像的变换系数；其次，根据特定的融合规则融合不同图像的尺度变换系数以获取融合变换系数；最后，通过对融合系数进行逆尺度变换得到融合图像。需要注意的是，这种算法通常需要将原始图像转换为不同的频率系数，即高频和低频系数[53]。然而，使用高通滤波器通常会导致主要结构周围的振铃效应和"晕圈"效应[46,52]。

而基于空间域的图像融合方法直接结合源图像中的原始信息，目的是合成一个融合图像，使其为视觉感知和计算机处理提供更多有用信息[54]。这些基于空间域的融合算法在源图像上利用融合规则获得全聚焦的融合图像。这些方法中的大多数都是基于块或区域的。基于块的多聚焦图像融合方法分为以下步骤：首先，将源图像进行分块；其次，计算每个块的聚焦测量值。在该步骤中，可以获得表示模糊区域和聚焦区域的二进制图谱；最后，基于该图谱，检测并整合聚焦区域以获得融合图像。由于基于空间域的方法处理图像像素而不是多尺度变换系数，所以利用这种算法得到的融合结果可以很好地保留源图像的原始信息[52]。因此，本书的第三个目的是提出一种新的空间域多焦点图像融合方法。在所提出的方法中引入了结构保持滤波器，目的在于保持结构信息，同时仍然平滑纹理信息。

（a）原始图像 a　　　　　　（b）原始图像 b　　　　　　（c）融合结果

图 1.5　多聚焦图像融合

多聚焦图像融合是图像融合中一个非常典型的研究领域[55]，本文所研究的多聚焦图像融合运用了像素级融合的方法，该方法的融合结果能够获得更多的有用信息，也可以说是获得更多的细节信息。对于可见光成像系统而言，因为光学镜头的聚焦范围有限，很难获得同一场景内所有物体都清晰的图像[44]。聚焦良好的图像比较清晰，离焦图像比较模糊，而多聚焦图像融合的主要目标就是从所有的输入图像中提取所有能感知到的特征信息并且把这种特征信息整合为一幅融合图像[56]。新得到的融合图像具有更多的信息，更加适合人眼视觉感知或者机器处理[56]。

多聚焦图像融合的关键就在于找出原图像中的聚焦区域或者聚焦像素，然后通过对其重组得到一幅所有物体都清晰的融合图像。换句话说，对聚焦区域或者像素位置的正确判断，是多聚焦图像融合的关键点，同时也是难点。由于图像内容的复杂性，一般对所有区域或像素的清晰度进行正确的评价是有难度的，从而使融合的结果不够理想[13]。大体上，多聚焦图像融合技术可以分为空域法和变换域法两种[25,57]。在大部分多聚焦图像融合方法中，聚焦评价函数（Focus Measure，FM）和融合规则（Fusion Rule，FR）是两个主要的部分。在空间域和变换域这两种域的方法中，有一个隐含的假设是检测密度局部强度的急剧变化就等于找出聚焦区域，同时聚焦评价函数提供了一个聚焦检测指标。

1. 空间域多聚焦图像融合

（1）加权平均融合算法。

加权平均融合算法[58]是最直接的融合方法。融合图像可以通过下面的式子得到。

$$F(x,y) = w_A \cdot A(x,y) + w_B \cdot B(x,y) \tag{1.1}$$

式中，$F(x,y)$ 表示融合后的图像，$A(x,y)$ 和 $B(x,y)$ 表示原始的输入图像，w_A 和 w_B 就是所对应的权值。通常情况下，w_A 和 w_B 满足 $w_A + w_B = 1$ 的关系。虽然加权平均融合算法简单、系统开销小并且融合速度快，但是由于融合过程中会降低图像的对比度，使得该图像融合算法难以取得满意的融合效果[15,39,59]。基于主成分分析（Principal Component Analysis，PCA）的图像融合方法从保留有用信息和去除冗余信息的方面讲，属于是最优的加权平均算法[60]。

（2）基于区域特征的多聚焦图像融合方法。

图像是由无数个像素构成的，并且在某一个局部区域的像素相互之间并不是孤立的，这些像素之间往往具有很强的相关性。基于区域特征的多聚焦图像融合规则可以概括为：首先，逐个比较像素在某一区域的特征值；其次，选取特征值较大的那个像素；最后，将选取像素所对应的灰度值作为融合图像在对应区域的灰度值。玉振明等[61] 提出了一种基于 Gabor 滤波器的图像融合方法，通过 Gabor 滤波器不同方向的输出提取图像的高频能量，比较高频能量的大小来确定像素清晰与否。黄卉等[62] 提出了一种新的基于清晰度的多聚焦图像融合规则，并且利用该融合规则进行的多聚焦图像融合取得了较好的效果。该算法通过计算像素的八邻域的拉普拉斯算子来定义该像素处的清晰度，根据清晰度之差来确定融合效果。以上两种算法都是基于区域特征的多聚焦的图像融合算法，前者所选的区域特征为区域高频能量，后者所选的区域特征为像素的八邻域拉普拉斯算子。虽然这种融合算法的融合效果较好，但是因为算法是基于像素的，所以避免不了较大的计算量，并且噪声也会对其融合效果产生影响。

（3）基于图像块的多聚焦图像融合方法。

多聚焦图像融合自身具有明显的特点：根据聚焦位置的不同，多聚焦图像中同时分布着清晰区域和模糊区域，多聚焦图像融合的目的就是从各幅待融合图像中选取清晰区域并将这些清晰的区域融合成一幅图像。基于图像块的多聚焦图像融合方法就是根据上述思想提出来的。Li 等提出了一种基于图像块的利用空间频率的多聚焦图像融合算法。他们首先对输入的图像进行分块，然后对分成的块计算其清晰度，这里的清晰度是利用空间频率进行度量的[63]。后来李树涛等又提出一种基于块的多聚焦图像融合方法，他们分别介绍了三种计算清晰度的方法，分别是空间频率、可见性和边缘特征，并且通过实验证明了该算法的融合效果比传统的基于图像变换的融合算法好[32]。但是在实际的应用中，块的大小会影响融合效果，通常情况下很难自适应的确定一个最优的块大小，如果采用简单的块选择，那么融合效果可能不是最优的，同时还会出现块效应[64]。在空间域中，一些聚焦评价函数用来检测局部强度的急剧变化从而应用于图像融合[26,65]。通过一个低的计算复杂度相对容易地获得聚焦评价函数，这也是空间域融合方法的一个优点。但是，一些空间域融合方法使得融合规则比较复杂，例如基于人工神经网络的融合规则[22,27,32]、基于支持向量机的融合规则[31] 和基于图像消光技术[47]。

2. 变换域多聚焦图像融合

在变换域中，局部强度是通过高频子带系数来表示的，另外，信息量大的系数携带着从子带中选择的显著性特征，这些显著性特征是通过多尺度分解变换来分解的。在变换域的多聚焦图像融合的方法中，聚焦评价函数是在多尺度变换域进行计算的，融合规则在变换域的子带中实现。随着各种多尺度分解变换的发展，许多算法应用到图像融合中。例如基于金字塔变换的算法、基于小波变换的算法和基于其他变换的算法。

（1）基于金子塔变换的图像融合算法。

1983 年，Burt 和 Adelson 提出了拉普拉斯变换，稍后 Burt 首次将该变换与图像融合相结合并且获得了较好的融合效果。在上述基础上，利用拉普拉斯变换的图像融合一直被研究者所利用和改进着[30,66-68]。Toet 在 1989 年提出一种比率低通金子塔的图像融合方法，这种方法是基于人类的视觉系统对局部对比度敏感这一视觉特性[20,68]。另外一种非常有用的多尺度分解方法就是形态学金字塔变换，这种方法也是 Toet 在 1989 年提出来的[69]。Burt 在文章[67]中提出了基于梯度金字塔的图像融合算法，该算法中，梯度金字塔的每一层都包含着不同方向的细节信息。这样，该算法能够很好地提取出图像的边缘信息同时又能够提高稳定性和抗噪性。

（2）基于小波变换的图像融合算法。

我们所说的小波变换是与金字塔变换非常相似的一种图像处理方法，图像中某些方面的特征能够通过变换充分地突出出来。Li 等在 1995 年提出了利用离散小波变换来做图像融合。Rockinger 等利用平移不变性小波变换来进行图像融合[28]。Forster 等提出一种利用复小波变换来做显微图像的融合算法[70]。当然对小波变换的研究和应用于图像融合的还有 WAN 和 PRAMANIK 等[24,71]。XIE 等提出了一种利用双树复小波变换的图像融合方法[23]，他们通过实验验证了利用双树复小波变换的融合结果要好于利用离散小波变换的融合结果。

（3）基于其他变换的图像融合算法。

除了以上介绍的一些基于变换域的图像融合算法，还有一些是采用了多尺度方向型滤波组合的图像融合算法[18-19,72]。Tang 提出一种基于离散余弦变换（DCT）的图像融合方法[21]，该算法的融合策略是基于对比度测量 DCT 系数组合，通过实验证明了该算法的融合结果在视觉上和采用小波变换的融合结果没有差别，并且该算法比较简单和节省时间。

在变换域方法中，聚焦评价函数在多尺度变换域来进行评价，融合规则在变换域子带来实现。然而，多尺度变换方法因为一个潜在的下采样处理一般情况下是移变的，并且它们计算复杂度比较高，同时原始的强度不能在融合的图像中保存下来[73-75]。

因为空间域的融合规则的输出包含了来自于输入图像的原始聚焦区域，所以空间域的融合规则比变换域融合规则更加适合于多聚焦图像融合[63,65]。但是，在空间域融合方法中，聚焦评价方法是从输入图像的尺度中获得，所以别的尺度的细节不能够被很好地检测。多尺度分析有利于更多的不同尺度的细节在一个图像中同步。

1.2.3　医学图像融合

然而，由于传感器系统的限制，单传感器图像捕获不足以提供有关目标场景的完整信息。因此，可以用不同的传感器捕获图像，并且将多个图像的全部信息融合到一幅图像中，从而增强人眼的可见性或每个图像的限制进行相互补充。多模态图像融合技术应运而生，其目的是将多模态图像融合为单个图像。特别地，多模态医学图像融合已成为一个有前途的研究领域[76]。在医学成像中，正电子发射计算机断层扫描（Positron Emission Computed Tomography，PET）、单光子发射计算机断层扫描（Single Photon Emission Computed Tomography，SPECT）、计算机断层扫描（Computed Tomography，CT）和磁共振成像（Magnetic Resonance Images，MRI）等不同的模式被用来捕获不同的互补信息[77]。CT 成像可以准确检测骨骼和植入物等致密结构，而 MRI 提供软组织等高分辨率软物质信息。然而，单一成像设备获取图像包含的数据信息量不足，所以将不同成像原理（也就是说不同模态）的医学图像融合成信息更为丰富、清晰、全面的新图像，以便医生更好地为患者进行诊断和治疗。

医学图像融合技术可用于整合多幅医学图像中包含的互补信息，从而得到合成图像[78]，如图 1.6 是医学图像融合的一个例子。合成的图像不仅可以帮助医生更好地诊断和治疗，还可以用来帮助医生利用计算机进行辅助手术[77]。由于医学图像融合的广泛应用，在过去的几十年中研究者们已经提出了许多医学图像融合方法[52,79-87]。在文献[73]中证明得到如下结论：人类视觉系统（Human Visual System，HVS）以多分辨率方式处理信息，因此大多数医学图像融合方法都是基于多尺度变换的框架下引入的，以便使获得的融合图像在视觉上达到良好的结果。例如，Yang 等利用轮廓波变换表示空间结构方面的有效性，成功地将其应用于医学图像融合[88]。但是，由于轮廓波变换过程中需要用到下采样处理，所以它没有移位不变性的属性。最近，结构保持滤波器也被应用于实现图像的多尺度分解[89-90]。考虑到结构保持过滤器可以将图像准确地分离成不同尺度结构的能力，而这个能力恰恰有助于减少融合过程中的光晕和混叠伪影，所以我们将在本书中将其引入医学图像融合中，以使融合的结果更加符合人眼视觉特性。因此，本书的第 6 章将提出一种新的使用分割图滤波器和稀疏表示的医学图像融合算法。

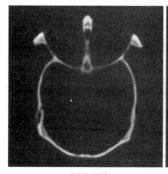 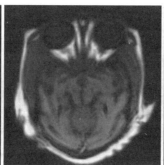 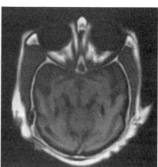

（a）原始图像 a　　　　　　（b）原始图像 b　　　　　　（c）融合结果

图 1.6　医学图像融合

第2章

预 备 知 识

为了增加本书的内容可读性，本章将介绍一些基本的预备知识。

2.1 稀疏表示

稀疏表示是基于自然信号可以由字典矩阵中的"少数"原子的线性组合来表示这样的一个假设为前提的[53,91]。也就是说给定一个字典 D，其中的每一列可以称作一个原子。因此，一个目标信号 y 可以用原子的一个线性组合来表示为

$$y \cong D\alpha \tag{2.1}$$

式中，α 是根据字典 D 表示信号 y 的系数矩阵。

在实际中，y 在 D 上的稀疏表示问题通常被转换为

$$\min_{\alpha} \|\alpha\|_0 \quad \text{s.t.} \quad y = D\alpha, \tag{2.2}$$

或

$$\min_{\alpha} \|\alpha\|_0 \quad \text{s.t.} \quad \|y - D\alpha\|_2 < \varepsilon, \tag{2.3}$$

式中，$\|.\|_0$ 表示 0 范数，就是计算一个向量中非零项的个数，同时 ε 是一个容错项。它的优化是一个 NP-hard 问题，贪心算法，例如匹配追踪（Matching Pursuit，MP）[92]、正交匹配追踪（Orthogonal Matching Pursuit，OMP）[93] 和其他一些提高的 OMP 算法[94] 中总是用于解决这个优化问题用来估计系数 α。因为稀疏表示和压缩感知已经得到发展，方程 (2.2) 和方程 (2.3) 中的非凸 l_0 最小化问题可以放宽到文献中提到的凸 l_0 最小化问题：

$$\min_{\alpha} \|\alpha\|_1 \quad \text{s.t.} \quad y = D\alpha \tag{2.4}$$

和

$$\min_{\alpha} \|\alpha\|_1 \quad \text{s.t.} \quad \|y - D\alpha\|_2 < \varepsilon \tag{2.5}$$

正如文献[21,86] 中指出的，使用线性规划方法可以得到以上问题的解。

为了给定一个信号的稀疏表示，首先要建立一个字典。如何构造一个合适的字典是稀疏表示中一个特别重要的问题。在稀疏表示中，字典的构建方法可以分为三类[95-96]。第一类为固定字典，这类字典经常由一组预先指定的函数构成，例如离散余弦变换（Discrete

Cosine Transform, DCT）[97]、短时傅里叶变换、小波变换、曲小波变换和轮廓波变换。但是，这种固定字典难以很好地对一些复杂的自然信号或者高维的信号进行表示[97-98]。第二类为学习型字典，如 PCA、K-SVD（K-means Singular Value Decomposition）等构成的字典[99]。这些基于学习的方法主要从以下两种样本中学习：一种样本是一组自然图像，另一种样本是原图像本身。比较这两种学习样本的方法，直接从源图像中学习而获得的字典会得到更好地表示，并在许多图像和视觉应用中提供卓越的性能[100]。由于 K-SVD 是一种流行的学习词典的方法，因此在本书中编者将其作为示例进行介绍。K-SVD 算法是以下两个步骤之间的迭代交替：稀疏编码（为了找到稀疏系数 α）和字典更新（为了找到字典 D）。在稀疏编码步骤中，假设 D 是固定的，并且将上述优化问题作为寻找系数汇总在矩阵 α 中的稀疏表示的问题。这个优化问题可以利用在 2.1 节中提到的 MP 算法和 OMP 算法来解决。在字典更新阶段，假设系数矩阵和字典 D 都是固定的。字典中的一列可以定义为 d_k，与之对应的是系数矩阵中的第 k 行，定义为 α_T^k，可以使用奇异值分解（Singular Value Decomposition，SVD）来寻找替代的 d_k 和 α_T^k。然而，由于这个学习字典是个迭代的过程，这使得其在实际应用中往往耗时较长，因此字典的维度受限于高计算复杂度[101]。第三类是利用未破损区域中的所有的块构建的字典[9]。这类字典来自于原始图像，所以在视觉上，修复的结果在待修复区域和原始区域可以保持很好的一致性，这也使得整幅图像看起来更加合理。但是，这类字典包含了输入图像中所有的已知图像块，这使得很大数量的不相关图像块将被修复[102]。为了解决这个问题，本书中的一部分将介绍在生成字典之前利用相似比较的方法来找到与待修复区域相似的块，由相似的块再构成字典。

2.2 结构保持滤波器

2.2.1 回归滤波器

1-D 离散递归滤波过程可以用下面的差分方程描述[103] 为

$$J[n] = \sum_{i=0}^{M} a_i I[n-i] - \sum_{j=1}^{N} b_j J[n-j] \tag{2.6}$$

式中，$I[n]$ 是输入信号，$J[n]$ 是滤波输出，a_i 和 b_j 是滤波系数。如果令 $M=0$ 和 $N=1$，滤波方程 (2.6) 可以变成一阶回归滤波器，也是最简单的滤波器。一阶递归滤波器可以表示为

$$J[n] = a_0 I[n] - b_1 J[n-1] \tag{2.7}$$

正如文献[104] 指出的那样，我们让 $a_0 = 1 - a$ 和 $b_1 = -a$。因此，方程 (2.7) 可以重写为

$$J[n] = (1-a)I[n] + aJ[n-1] \tag{2.8}$$

可以用图 2.1 来描述上述公式，是一个简单的时间延迟，$a \in [0,1]$ 和 $(1-a)$ 分别称作

为反馈和前馈系数[103]。具体来说，$J[n]$ 是时间 n 的输出样本，它基于当前输入样本 $I[n]$ 和过去的输出样本 $J[n-1]$。

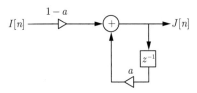

图 2.1 滤波器的系统图

方程 (2.8) 的传递函数是 $h(n) = (1-a)a^{n}$[103]。给定一个脉冲信号 $\delta(m-n)$，就会产生一个响应 $(1-a)a^{m-n}$。在这里，$m-n$ 是样本 x_m 和 x_n 之间的距离。

根据以上的观察，Gastal 等[104] 提出一个回归边缘保持滤波器，将其定义为

$$J[n] = (1-a^d)I[n] + a^d J[n-1] \tag{2.9}$$

式中，d 是相邻像素之间的距离。随着 d 慢慢增加，a^d 趋向于零，传播链随之停止。因此，此滤波器可以保持边缘。

2.2.2 分割图滤波器

众所周知的结构保持平滑技术可以分为两种类型[105]：一种是基于优化的滤波器，例如有文献 [89] 给出的基于加权最小二乘（Weighted Least Squares Filter，WLS）优化的保边滤波方法和文献 [106] 中给出的 l_0 平滑滤波。另一种是基于加权平均的滤波器，例如双边滤波器（Bilateral Filter，BF）[89] 和引导滤波器（Guided Filter，GF）[107]。虽然这些边缘保留平滑技术在许多方法中得到了广泛应用，但它们可能在第一种类型中导致"晕圈"伪影和大量时间消耗，并在第二种类型中导致"halo"伪影。

Zhang 等在他们的过滤器中引入了树距离，以解决大多数过滤器中出现的"晕"问题[105]。并且为了解决"leak"问题，他们设计了一种分割图技术，该技术利用更可靠的边缘感知结构来表示图像，据此提出了一种基于分割图的新型线性局部滤波器，称为分割图滤波器（Segment Graph Filter，SGF）[105]。因为对一幅给定图像的超像素分解已经展开研究了，并且超像素在线性时间内运行非常快，所以 Zhang 等利用超像素分解来构建分割图。分割图的详细介绍可以看 Zhang 等的文献[105]。

SGF 基于双重加权平均值，即内部权重和外部权重。考虑到树的距离，内部权重函数 w_1 可以定义为

$$w_1(m,n) = \exp\left(-\frac{D(m,n)}{\sigma}\right) \tag{2.10}$$

式中，$D(m,n)$ 代表像素 m 和像素 n 之间的树距离。由于 σ 控制 $D(m,n)$ 的衰减速度，所以 w_1 与树距离 $D(m,n)$ 成反比。为了描述外部权重，引入了半径为 r 的平滑窗口 W_m 和超像素技术。图 2.2 展示了 SGF 的滤波核，图中超像素呈现为六边形，像素 m 位于超像

素 S_0 中，中间位置的正方形展示的是滤波窗口 W_m，一些超像素区域定义为 $\{S_0, S_1, \cdots, S_k\}$，同时 $\{S_0', S_1', \cdots, S_k'\}$ 表示重叠区域，即 $S_i' = W_p \cap S_i$。因此，外部权重函数 w_2 可以定义为

$$w_2(m, S_i) = \frac{|S_i'|}{|S_i|} \tag{2.11}$$

式中，$|S_i'|$ 和 $|S_i|$ 用来定义区域 S_i' 和 S_i 的尺寸大小。

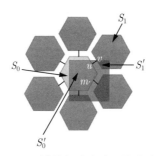

图 2.2   结构保边滤波器的滤波核

一旦获得内部权重和外部权重，输入图像 I 在像素 n 处的滤波器输出为

$$J_m = \frac{1}{K_m} \sum_{0 \leqslant i < k} w_2(m, S_i) \sum_{n \in S_i} w_1(m, n) I_n \tag{2.12}$$

式中，K_m，S_i 和 J_m 分别表示归一化项、超像素区域和滤波器输出。w_1 和 w_2 分别是内部权重函数和外部权重函数。像素 m 处的输出 J_m 是特定相邻区域 $(\Omega = \cup_{0 \leqslant i < k} S_i \ (n \in S_0))$ 中强度值为 I_n 的双重加权平均值。

在 SGF 的线性实现中，总是设置一个阈值 τ 来分割 S_0 与其邻域 S_i 之间的一些边，以便充分利用分割图。在图 2.2 中，分割图构建过程中 S_0 与其邻域 S_i 之间的连接边 $E_{\min}$ 可以定义为

$$E_{\min}(S_0, S_i) = \min\{W(u, v) | u \in S_0, v \in S_i\} \tag{2.13}$$

$$W(u, v) = |I_u - I_v| \tag{2.14}$$

式中，$u \in S_0$ 和 $v \in S_i$ 是连接边的像素和顶点。

考虑到上面的描述，分割图滤波器的输出可以改写为

$$J_m = \frac{1}{K_m} \sum_{0 \leqslant i < k} \delta_i w_2(m, S_i) \sum_{n \in S_i} w_1(m, n) I_n$$

$$\text{s.t.} \quad \delta_i = \begin{cases} 0, & E_{\min}(S_0, S_i) > \tau \\ 1, & \text{其他} \end{cases} \tag{2.15}$$

2.3　客观评价标准

客观评估指标通常用于评估图像处理结果。在本书中，我们使用峰值信噪比（Peak Signal to Noise，PSNR）来评估修复结果，另外通过六个指标评估融合图像的性能，分别是基于特征的评价指标 $Q_p^{ab|f}$ [108]、基于结构的评价指标 $Q_w^{xy|f}$ [109]、归一化互信息 Q_{MI} [110]、非线性相关信息熵 Q_{NCIE} [111]、Chen-Blum 评价指标 Q_{CB} [26,111] 和基于空间频率的空间频率差 Q_{SF} [111-112]。PSNR 属于需要参考图像的评价指标，PSNR 值越大，修复效果越好。由于获得参考图像通常非常困难，因此上述六个指标是客观的评估指标，不需要参考图像。并且 $Q_p^{ab|f}$，$Q_w^{xy|f}$，Q_{MI}，Q_{NCIE} 和 Q_{CB} 的值越大，表示融合的结果越好，与之相反 Q_{SF} 的值越小，表示融合的结果越好。

2.3.1　峰值信噪比（PSNR）

给定一个参考图像 r 和一个测试图像 t，它们的大小都是 $M \times N$，r 和 t 之间的 PSNR 可以定义为

$$\text{PSNR}(r,t) = 10 \log_{10}(255^2 / \text{MSE}(r,t)) \tag{2.16}$$

其中，

$$\text{MSE}(r,t) = \frac{1}{MN} \sum_{i=1}^{M} \sum_{j=1}^{N} (r_{ij} - t_{ij})^2 \tag{2.17}$$

因为随着均方误差（Mean Square Error，MSE）的值接近零，PSNR 接近无限大，这表明 PSNR 值越高，表明的图像质量越高。

2.3.2　边缘评价指标（$Q_p^{ab|f}$）

因为人类视觉系统对边缘信息很敏感，所以有必要在图像处理的过程中尽可能地保留这些信息。Xydeas 和 Petrovic 提出了边缘评价指标来评估融合图像中保留的边缘信息量。

源图像 A 和融合图像 F 之间的边缘信息保留值 Q^{AF} 可以定义为

$$Q^{AF}(i,j) = Q_g^{AF}(i,j) Q_\alpha^{AF}(i,j) \tag{2.18}$$

式中，Q_g^{AF} 和 Q_α^{AF} 分别表示边缘强度和方向保持值。

类似地，从源图像 B 转移到融合图像 F 的边缘信息度量同样可以计算。最后，源图像 A、B 和融合图像 F 之间的归一化加权性能度量为

$$Q_p^{ab|f}(i,j) = \frac{\sum_{n=1}^{N} \sum_{m=1}^{M} [Q^{AF}(i,j)w^A(i,j) + Q^{BF}(i,j)w^B(i,j)]}{\sum_{n=1}^{N} \sum_{m=1}^{M} (w^A(i,j) + w^B(i,j))} \tag{2.19}$$

式中，$w^A(i,j)$ 和 $w^B(i,j)$ 是权重系数，可以定义为

$$w^A(i,j) = [g_A(i,j)]^L \tag{2.20}$$

$$w^B(i,j) = [g_B(i,j)]^L \tag{2.21}$$

式中，L 是一个常数值。

2.3.3   图像结构相似性评价指标（$\boldsymbol{Q_w^{xy|f}}$）

源图像 X 和融合图像 F 的结构相似性度量（Similarity Index Measure，SSIM）[113] 利用一个滑动窗口 w 可以定义为

$$\text{SSIM}(X,F|w) = \frac{(2\bar{w_X}\bar{w_F} + C_1)(2\sigma_{w_{XF}} + C_2)}{(\bar{w_X^2} + \bar{w_F^2} + C_1)(\sigma_{w_X}^2 + \sigma_{w_F}^2 + C_2)} \tag{2.22}$$

式中，C_1 和 C_2 都是较小的常数，w_X 表示的是在原图像 X 下的滑动窗口，$\bar{w_X}$ 是 w_X 的均值，$\sigma_{w_X}^2$ 和 $\sigma_{w_X w_F}$ 分别是 w_X 的方差以及 w_X 和 w_F 的协方差。同样还可以计算源图像 Y 和融合图像 F 的结构相似性度量。

杨等提出了一种新的具有阈值的结构相似性评价指标[109]：

$$Q_w^{xy|f} = \begin{cases} \lambda_w \text{SSIM}(X,F|w) + (1-\lambda_w)\text{SSIM}(Y,F|w) \\ \qquad \text{SSIM}(X,Y|\text{w}) \geqslant 0.75 \\ \max\{\text{SSIM}(X,F|w), \text{SSIM}(Y,F|w)\} \\ \qquad \text{SSIM}(X,Y|\text{w}) < 0.75 \end{cases} \tag{2.23}$$

其中，权重 λ_w 定义为

$$\lambda_w = \frac{s(X|w)}{s(X|w) + s(Y|w)} \tag{2.24}$$

在这个实现中，$s(X|w)$ 和 $s(Y|w)$ 分别是图像 X 和 Y 在窗口 w 下的方差。

2.3.4   归一化互信息（$\boldsymbol{Q_{\text{MI}}}$）

互信息[110] 用于量化源图像和融合图像之间的整体互信息。对于源图像 A 和融合图像 F，互信息由下式给出：

$$\text{MI}(A,F) = H(A) + H(F) - H(A,F) \tag{2.25}$$

其中，

$$H(A) = -\sum_a p(a)\log_2 p(a) \tag{2.26}$$

$$H(F) = -\sum_f p(f) \log_2 p(f) \tag{2.27}$$

$$H(A, F) = -\sum_{a,f} p(a, f) \log_2 p(a, f) \tag{2.28}$$

式中，$p(a)$ 和 $p(f)$ 分别是 A 和 F 的边际概率分布函数，$p(a, f)$ 是 A 和 F 的联合概率分布函数。

根据方程 (2.26) ~ 方程 (2.28)，互信息可以重新改写为

$$\mathrm{MI}(A, F) = \sum_A \sum_F p(a, f) \log_2 \frac{p(a, f)}{p(a)p(f)} \tag{2.29}$$

相似地，$\mathrm{MI}(B, F)$ 是源图像 B 和融合图像 F 之间的互信息，可以定义为

$$\mathrm{MI}(B, F) = \sum_B \sum_F p(b, f) \log_2 \frac{p(b, f)}{p(b)p(f)} \tag{2.30}$$

最后归一化互信息 Q_{MI} 定义为

$$Q_{\mathrm{MI}} = 2 \left[\frac{\mathrm{MI}(A, F)}{H(A)H(F)} + \frac{\mathrm{MI}(B, F)}{H(B)H(F)} \right] \tag{2.31}$$

2.3.5　非线性相关信息熵（$Q_{\mathbf{NCIE}}$）

非线性相关信息熵（Q_{NCIE}）是一种基于信息论的质量度量[111]。源图像 A、B 和融合图像 F 的非线性相关矩阵 $\boldsymbol{R}$ 定义为

$$\boldsymbol{R} = \begin{pmatrix} NCC_{AA} & NCC_{AB} & NCC_{AF} \\ NCC_{BA} & NCC_{BB} & NCC_{BF} \\ NCC_{FA} & NCC_{FB} & NCC_{FF} \end{pmatrix} = \begin{pmatrix} 1 & NCC_{AB} & NCC_{AF} \\ NCC_{BA} & 1 & NCC_{BF} \\ NCC_{FA} & NCC_{FB} & 1 \end{pmatrix} \tag{2.32}$$

式中，$NCC_{X,Y}$ 表示源图像 A、B 和融合图像 F 之间的非线性相关系数[114]（X 和 Y 分别取 A、B、F）。

令非线性相关矩阵 R 的特征值为 λ_i $(i = 1, 2, 3)$）。然后，Q_{NCIE} 可以计算为

$$Q_{\mathrm{NCIE}} = 1 + \sum_{i=1}^{3} \frac{\lambda_i}{3} \log_{256} \frac{\lambda_i}{3} \tag{2.33}$$

2.3.6　Chen-Blum 评价指标（$Q_{\mathbf{CB}}$）

设源图像 A 的掩蔽对比度图为

$$C'_A = \frac{t(C_A)^p}{h(C_A)^q + Z} \tag{2.34}$$

式中，t, h, p, q 和 Z 是确定掩蔽函数非线性形状的实标量参数。

来自源图像 A 到融合图像 F 的信息保存值 $Q_{AF}(x,y)$ 定义为

$$Q_{AF}(x,y) = \begin{cases} \dfrac{C'_A(x,y)}{C'_F(x,y)}, & C'_A < C'_F \\[2mm] \dfrac{C'_F(x,y)}{C'_A(x,y)}, & \text{其他} \end{cases} \tag{2.35}$$

源图像 A、B 和 F 之间的全局质量谱可计算为

$$Q_C(x,y) = \lambda_A(x,y)Q_{AF}(x,y) + \lambda_B(x,y)Q_{BF}(x,y) \tag{2.36}$$

式中，$\lambda_A(x,y)$ 和 $\lambda_B(x,y)$ 分别是源图像 A 和 B 的显着性谱。

最后，度量值 Q_{CB} 可以通过对全局质量进行平均得到：

$$Q_{\mathrm{CB}}(x,y) = \overline{Q_C(x,y)} \tag{2.37}$$

2.3.7 基于空间频率的图像融合评价指标（$\boldsymbol{Q_{\mathrm{SF}}}$）

Zhang 等提出了对一幅图像 $A(i;j)$ 的整体空间频率进行评价，其定义为

$$\mathrm{SF} = \sqrt{(\mathrm{RF})^2 + (\mathrm{CF})^2 + (\mathrm{MDF})^2 + (\mathrm{SDF})^2} \tag{2.38}$$

式中，RF，CF，MDF 和 SDF 是沿四个方向的一阶梯度。

$$\mathrm{RF} = \sqrt{\frac{1}{MN}\sum_{i=1}^{M}\sum_{j=2}^{N}[A(i,j)-A(i,j-1)]^2} \tag{2.39}$$

$$\mathrm{CF} = \sqrt{\frac{1}{MN}\sum_{j=1}^{N}\sum_{i=2}^{M}[A(i,j)-A(i-1,j)]^2} \tag{2.40}$$

$$\mathrm{MDF} = \sqrt{w_d\frac{1}{MN}\sum_{i=2}^{M}\sum_{j=2}^{N}[A(i,j)-A(i-1,j-1)]^2} \tag{2.41}$$

$$\mathrm{SDF} = \sqrt{w_d\frac{1}{MN}\sum_{j=1}^{N-1}\sum_{i=2}^{M}[A(i,j)-A(i-1,j+1)]^2} \tag{2.42}$$

式中，距离权重 w_d 设置为 $\dfrac{1}{\sqrt{2}}$。

四个参考梯度可以通过在源图像 A 和 B 之间沿方向取绝对梯度值的最大值来获得

$$\mathrm{Grad}^D(I_R(i,j)) = \max\{\mathrm{abs}[\mathrm{Grad}^D(A(i,j))], \mathrm{abs}[\mathrm{Grad}^D(B(i,j))]\} \tag{2.43}$$

式中，$D = \{H, V, MD, SD\}$ 分别表示为水平、垂直、主对角线和次对角线。四个方向参考 RF_R, CF_R, MDF_R 和 SDF_R 可以用参考梯度代替方程 (2.39) $\sim$ 方程 (2.42) 中的差异来计算。

最后，SF 误差（评价标准 Q_{SF}）的比率定义为

$$Q_{\mathrm{SF}} = (\mathrm{SF}_F - \mathrm{SF}_R)/\mathrm{SF}_R \tag{2.44}$$

第3章
基于稀疏表示的图像修复

3.1 基于相关字典的图像修复

3.1.1 引言

图像修复是利用图像的已知信息来填充缺失或损坏的区域,这些区域可能是损坏图像中的个别像素缺失或为人为退化等原因造成的连续区域。近年来,图像修复引起了越来越多研究人员的兴趣,因为它具有广泛的应用,例如图像对象去除、图像修复和传输[115-116]。

形式上,修复问题可以定义如下:给定输入待修复图像 I 以及其目标区域 Ω,使用已知区域的信息填充所有丢失像素 $\Psi = I - \Omega$[116]。

Bertalmio 等首先研究了图像修复,然后提出了一种基于线性偏微分方程的修复方法[3]。从那时起,许多研究者提出了很多修复方法来解决这个问题。通常,图像修复方法可以分为三种类型,即基于扩散的修复方法、基于块的修复方法和基于稀疏表示的修复方法[115]。基于扩散的修复方法是通过扩散目标区域的周边信息来修复损坏的区域[3,6],但不太适合修复纹理信息,尤其是当要修复的目标区域大于其他区域时[115]。基于块的修复方法,这种修复方法是受纹理合成技术思想的启发[7],首先选择损坏区域中的目标块,然后比较未破损区域中的块与目标块的相似性,最后复制最佳匹配块中的像素来填充目标块中的未知像素[4,7,115,117-120]。基于稀疏表示的修复方法不是使用最相似的块,而是使用字典中原子的稀疏线性组合来表示图像待修复块。因此,字典对于修复结果非常重要。文献 [11] 提出了一种有效的稀疏表示迭代修复算法,并且非常适合修复图像中不同的结构成分。另外,稀疏表示也适用于修复彩色图像[121],该方法主要是对去噪算法[122] 的扩展,其字典是使用 K-SVD 算法[123] 进行构建的。这之后,文献 [9] 提出了一种相似的的算法,直接使用从图像未破损的区域中裁剪出来的所有块来构建字典,获得了良好的修复效果,并且分析得到该方法优于算法[121]。虽然利用未破损区域所有块生成的字典有利于图像的修复,但是由于有不相关的原子引入,导致会复原出一些与目标块无关的信息,并且对修复结果产生干扰,影响修复效果。

因此,为了解决这个问题,本节提出了一种新的相似度比较算法,在直接使用未破损区域图像块生成字典之前找到与目标块相似的块。然后,使用这些相似的块为目标块生成相关字典。最后,在本章中提出了一种基于相关字典的图像修复方法。该方法使每个目标块都有对应的相关字典,因此可以保证修复结果。

3.1.2　算法

本节将详细介绍基于相关字典的图像修复方法，可以分为以下三个部分：寻找目标块、生成相关字典和稀疏重建算法。第一部分：通过计算填充顺序找到目标块，并且整个算法就是从这个目标块开始的。第二部分：使用直方图的方法比较目标块和候选块之间的相似性，然后找到与目标块相似的候选块。最后，利用找到的相似候选块来构成一个相关性字典。第三部分，使用来自目标块的已知信息，根据稀疏表示估计它们的未知信息。下面详细介绍各个方法的细节。

1. 填充顺序

图像块的填充顺序决定了缺失区域边界上的块开始进一步修复的优先级，对于修复结果至关重要。在修复方法中，不同的填充顺序会导致不同的结果[119]。我们在提出的方法中，最后决定使用 CRIMINISI[118] 提出的填充顺序，因为这种方法可以有效地保留结构信息。使用填充顺序计算位于受损区域（目标区域 T）和未受损区域（源区域 S）之间的边界 δU 上的以 p 为中心的每个块，找到目标块 ψ_p 具有最高优先级。由于目标块 ψ_p 在边界上，因此目标块包含已知像素 A 和未知像素 B。在图 3.1 中可以清楚地看到拥有最高优先级的目标块。

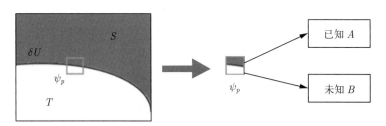

图 3.1　利用填充顺序来选择优先级高的目标块

Criminisi 等在文献 [118] 提出的填充顺序是一种迭代算法直到所有像素都被填满，其算法具体可以分为以下 3 个步骤。

（1）计算优先级。

在填充顺序算法中，每个未填充的像素都拥有一个颜色值和一个置信度值，它们反映了在某个像素值下的置信度。一旦一个像素被填充，其置信度就会被锁定。也就是说，沿着填充边沿的目标块在填充顺序算法的过程中被赋予了一个临时的优先级值，这决定了它们被填充的顺序。给定一个以点 p 为中心的目标块 Ψ_p，中心点 p 在待填充区域的边沿上 $P \in \delta\Omega$，如图 3.2 所示，给定图像块 Ψ_p, n_p 是目标区域的轮廓 $\delta\Omega$ 的法线，$\nabla I_p^\perp$ 是点 p 的照度（方向和面密度），整个图像定义为 I，优先级 $P(p)$ 定义为

$$P(p) = C(p)D(p) \tag{3.1}$$

式中，$C(p)$ 和 $D(p)$ 是分别表示置信项和数据项，它们可以通过以下式子来计算。

$$C(p) = \frac{\sum\limits_{q \in \Psi_p \cap \overline{\Omega}} C(q)}{|\Psi_p|} \tag{3.2}$$

$$D(p) = \frac{|\nabla I_p^{\perp} \cdot n_p|}{\lambda} \tag{3.3}$$

式中，$|\Psi_p|$ 表示 Ψ_p 的区域，λ 是一个归一化因子（如 $\lambda = 255$ 表示一个典型的灰度图像），n_p 是在点 p 与边沿 $\delta\Omega$ 正交的单位向量。函数 $C(p)$ 可以设置为 $C(p) = 0\forall p \in \Omega$ 和 $C(p) = 1\forall p \in I - \Omega$。

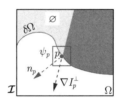

图 3.2   符号图

（2）传播纹理和结构信息。

一旦计算了以填充边沿上所有点为中心的待修复块的优先级，就会找到具有最高优先级的目标块 $\Psi_{\hat{p}}$，然后用源区域 Φ 中的信息通过修复算法填充它。

（3）更新置信值。

在目标块 Ψ_p 被新像素填充后，置信度 $C(p)$ 在由 $\Psi_{\hat{p}}$ 分隔的区域中更新为

$$C(q) = C(\hat{p}), \qquad \forall q \in \Psi_{\hat{p}} \cap \Omega \tag{3.4}$$

这是一个简单的更新规则，它允许我们测量填充边沿上的块的相对置信度，而无需特定于图像的参数。

2. 生成字典

为了计算图像块的稀疏表示，必须首先确定字典。在传统的生成字典的方法中，有 3 种字典的生成形式。第一种是固定字典。例如，过完备可分离版式 DCT 字典是通过对不同频率的余弦波进行采样来构建的[92]。但是，这类词典不是通过使用适当的输入图像数据来构成的，所以对某些类型数据的适应性不好。第二类是学习型字典。例如，基于 K-SVD 的字典学习算法，该词典与输入图像数据相适应，计算效率高[1,105]。第三类是直接用原始区域裁剪的整个图像块生成的字典[70]，这类字典的一个问题是一些不相关的块可能会导致一些干扰。为了解决这个问题，在上述所提出的方法中对候选的图像块使用直方图的相似性比较方法进行预处理，其过程如图 3.3 所示。详细地，使用求和直方图差异来进行相似性比较方法如图 3.4 所示。首先，利用 Criminisi 等[118-119] 提出的计算填充顺序的方法来选

择一个目标块 Ψ_p 并且计算其直方图。假设直方图有 N 个 bins，那么彩色图像的直方图也就有 N 个值。对于目标块 Ψ_p 的 R、G、B 三个通道，每个通道的直方图可以用以下式子进行计算。

$$\boldsymbol{h}_{\boldsymbol{\Psi}_p \mathrm{R}} = [h_{\boldsymbol{\Psi}_p \mathrm{R}1}, \cdots, h_{\boldsymbol{\Psi}_p \mathrm{R}N}]^{\mathrm{T}} \tag{3.5}$$

$$\boldsymbol{h}_{\boldsymbol{\Psi}_p \mathrm{G}} = [h_{\boldsymbol{\Psi}_p \mathrm{G}1}, \cdots, h_{\boldsymbol{\Psi}_p \mathrm{G}N}]^{\mathrm{T}} \tag{3.6}$$

$$\boldsymbol{h}_{\boldsymbol{\Psi}_p \mathrm{B}} = [h_{\boldsymbol{\Psi}_p \mathrm{B}1}, \cdots, h_{\boldsymbol{\Psi}_p \mathrm{B}N}]^{\mathrm{T}} \tag{3.7}$$

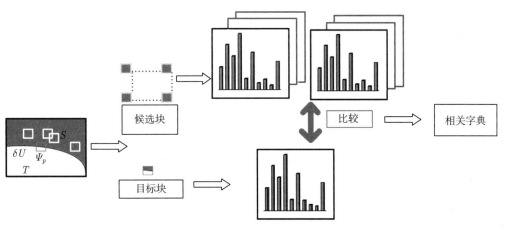

图 3.3　直方图比较目标块和候选块之间的相似性

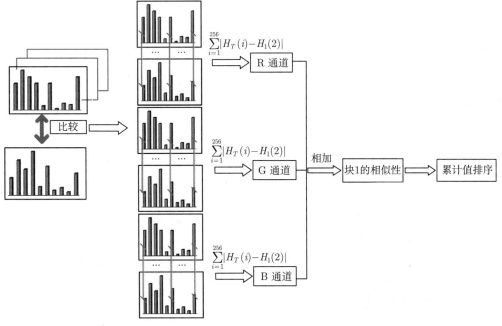

图 3.4　基于求和直方图的相似性比较方法

其次，从图像 I 中切出所有已知的块 f_i 并计算它们的直方图。分别定义 f_i $(i = 1, 2, \cdots, L)$，其中 L 表示已知块的数量，f_{Ri}、f_{Gi} 和 f_{Bi} 表示图像块的三个通道（R、G、B），每个通道的直方图可以利用以下式子进行计算。

$$\boldsymbol{h_{fR}}_i = [h_{fRi1}, \cdots, h_{fRiN}]^{\mathrm{T}} \tag{3.8}$$

$$\boldsymbol{h_{f}}_{Gi} = [h_{fGi1}, \cdots, h_{fGiN}]^{\mathrm{T}} \tag{3.9}$$

$$\boldsymbol{h_{f}}_{Bi} = [h_{fBi1}, \cdots, h_{fBiN}]^{\mathrm{T}} \tag{3.10}$$

因此，两个块 Ψ_p 和 f_i 可以通过比较直方图的相应 bin 来衡量相似度。在 R、G、B 三个通道中，可以通过比较它们的直方图来定义差异。

$$V_{Ri} = ||\boldsymbol{h_{\Psi_p}}_R - \boldsymbol{h_{fR}}_i||_1 = \sum_{j=1}^{N} (|\boldsymbol{h_{\Psi_p}}_{Rj} - \boldsymbol{h_{fR}}_{ij}|) \tag{3.11}$$

$$V_{Gi} = ||\boldsymbol{h_{\Psi_p}}_G - \boldsymbol{h_{f}}_{Gi}||_1 = \sum_{j=1}^{N} (|\boldsymbol{h_{\Psi_p}}_{Gj} - \boldsymbol{h_{f}}_{Gij}|) \tag{3.12}$$

$$V_{Bi} = ||\boldsymbol{h_{\Psi_p}}_B - \boldsymbol{h_{f}}_{Bi}||_1 = \sum_{j=1}^{N} (|\boldsymbol{h_{\Psi_p}}_{Bj} - \boldsymbol{h_{f}}_{Bij}|) \tag{3.13}$$

根据求和 V_{Si} 可以定义相似性为

$$V_{Si} = V_{Ri} + V_{Gi} + V_{Bi} \tag{3.14}$$

考虑已知图像块的个数为 L，基于 sum 的相似度写为 $\boldsymbol{V}_S = [V_{S1}, \cdots, V_{SL}]^{\mathrm{T}}$。

最后，对 $\boldsymbol{V}_S$ 进行排序，找到前 TN (TN < L) 个已知图像块，用来生成相关字典。

在图 3.5 所示的示例中，在图中"Sample"字体区域（也就是破损区域用矩形框住的部分）表示为目标块，也就是需要修复的块。未破损区域的矩形块表示为选择生成相关字典的块。例如，选择前 TN = 50 个相似的块 $\{\Psi_{qj}\}_{j=1}^{50}$，其中 Ψ_{q1} 表示与目标块最相似的一个，它表示为相关字典的第一列。其余块可以以相同的方式构成字典。

相关字典 D

图 3.5   利用相似块生成相关字典

3. 恢复信号

找到图像块 $\varPsi_p$ 后，稀疏重构的目的是利用已知信息 A 估计未知信息 B。矩阵 $\boldsymbol{M}$ 具有由已知像素的布局决定的特殊结构。因此，已知信息可以计算为

$$A = \boldsymbol{M}\varPsi_p \tag{3.15}$$

在图像修复问题中，其目的在利用已知信息 A 估计未知信息 B。并且 A 可以看作是稀疏表示理论中的信号 y，那么稀疏表示可以改写为

$$A = \boldsymbol{M}\boldsymbol{D}\alpha \tag{3.16}$$

式中，$\boldsymbol{D}$ 是通过直方图的相似性比较方法生成的新相关字典。

在所提出的方法中，编者将使用非负正交匹配追踪（Non-Negative Orthogonal Matching Pursuit，NNOMP）[124] 算法，它是 OMP 的一种改进方法，用于获得稀疏系数 $\hat{\alpha}$ 的估计。

NNOMP 算法可以描述如下步骤。

（1）初始化残差 $r_0 = A$，初始化所选变量的集合 $\boldsymbol{D}(c_0) = \varnothing$，让迭代计数器 $i = 1$。

（2）遍历所有原型信号原子并找到 $\boldsymbol{D}$ 中最佳原子函数的索引为 $t_i = \mathrm{argmax} < r_{i-1}, d_t >$，并将变量 $\boldsymbol{D}_{t_i}$ 添加到所选变量的集合中，更新 $c_i = c_{i-1} \cup t_i$。

（3）使用非负最小二乘（NNLS）估计稀疏表示系数 $\hat{\alpha}_i$，$\hat{\alpha}_i = \mathrm{argmin}_{\alpha_i \geqslant 0} \parallel A - \boldsymbol{D}_{c_i}\alpha_i \parallel_2 = (\boldsymbol{D}_{c_i}^{\mathrm{T}}\boldsymbol{D}_{c_i})^{-1}\boldsymbol{D}_{c_i}^{\mathrm{T}}A$。

（4）更新半径 $r_i = A - \boldsymbol{D}_{c_i}\hat{\alpha}_i = A - \boldsymbol{D}_{c_i}(\boldsymbol{D}_{c_i}^{\mathrm{T}}\boldsymbol{D}_{c_i})^{-1}\boldsymbol{D}_{c_i}^{\mathrm{T}}A$。令 $P_i = \boldsymbol{D}_{c_i}(\boldsymbol{D}_{c_i}^{\mathrm{T}}\boldsymbol{D}_{c_i})^{-1}\boldsymbol{D}_{c_i}^{\mathrm{T}}$ 表示由 $\boldsymbol{D}_{c_i}$ 的元素投影到线性空间上，那么残差可以改写为 $r_i = (I - P_i)A$。

（5）如果达到停止条件，则停止算法。否则，设置 $i = i + 1$ 并返回（2）。

如果使用 NNOMP 算法得到稀疏系数 $\hat{\alpha}$ 的估计，那么未知信息 B 可以近似地估计为

$$B = \bar{\boldsymbol{M}}\boldsymbol{D}\hat{\alpha} \tag{3.17}$$

式中，$\bar{\boldsymbol{M}} = \boldsymbol{E} - \boldsymbol{M}$ 是一个矩阵，由缺失像素的布局决定，$\boldsymbol{E}$ 也是一个矩阵，并且矩阵中的每一项都为 1。具体来说，目标块中的缺失像素可以利用如下公式进行修复。

$$\hat{\varPsi}_p^i = \begin{cases} \varPsi_p^i, & i \in A \\ (\bar{\boldsymbol{M}}\boldsymbol{D}\hat{\alpha})_i, & \text{其他} \end{cases} \tag{3.18}$$

根据以上讨论，我们所提出的修复算法的流程图如图 3.6 所示。

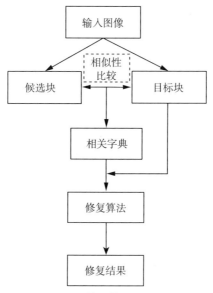

图 3.6　修复算法的流程图

3.1.3　实验结果

实验结果证明使用直方图生成相关字典可以比原字典更有效地进行图像修复。在本实验中，我们采用不同的字典并将它们的修复结果进行比较。

1. 利用不同的字典进行图像修复

为了客观地评估不同字典图像修复的性能，实验中使用两种字典进行比较：原始字典和相关字典。两幅图像用来进行实验，图 3.7（a）和图 3.7（b）分别显示了自然景观原始图像 1 和输入图像，图 3.8（a）和图 3.8（b）分别显示了自然景观原始图像 2 和输入图像。

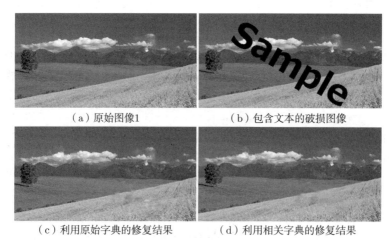

图 3.7　对图像 1 利用不同字典的修复结果

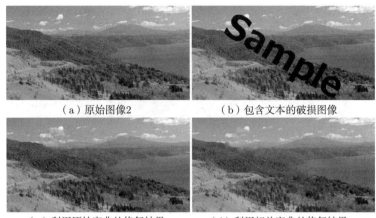

　　（a）原始图像2　　　　　　　　　　　（b）包含文本的破损图像

　　（c）利用原始字典的修复结果　　　　　（d）利用相关字典的修复结果

图 3.8　　对图像 2 利用不同字典的修复结果

2. 评价指标

　　本节中使用从 MSE 获得的 PSNR 来定量地评估实验结果。此外，每个颜色通道（R、G、B）的 PSNR 的也在实验中计算。与计算整个图像的均方误差不同，这里只计算缺陷区域的均方误差。均方误差可以通过以下式子计算得出。

$$\mathrm{MSE} = \frac{\sum_{(i,j)} \in T(I_{ori}(i,j) - I_{inp}(i,j))^2}{N(T)} \tag{3.19}$$

式中，$I_{ori}(i,j)$ 是原始图像的亮度值；$I_{inp}(i,j)$ 是修复图像的亮度值；T 表示目标区域，即缺陷区域；$N(T)$ 代表破损区域内的像素个数。

　　PSNR 定义为

$$\mathrm{PSNR} = 10\log_{10}\left(\frac{255^2}{\mathrm{MSE}}\right) \tag{3.20}$$

　　整个实验是根据算法流程图 3.6 来进行的，使用原始图像和修复图像之间的 PSNR 作为评估量化修复结果的指标。实验结果的量化值在表 3.1 中显示。从表 3.1 可以看出，使用相关字典的方法比使用原始字典的方法具有更好的修复效果。为了使实验结果看起来更加清晰，图 3.9 和图 3.10 对原始图像、损坏图像和修复结果的修复区域进行裁剪并放大。

表 3.1　　实验结果的量化值

		原始字典 PSNR	相关字典 PSNR
图像 1	R 通道	18.45	18.78
	G 通道	20.58	21.01
	B 通道	23.66	24.19
	RGB	20.40	**20.80**
图像 2	R 通道	18.28	18.79
	G 通道	19.26	19.71
	B 通道	20.25	20.91
	RGB	19.19	**19.72**

（a）原始图像1的放大部分　　　　（b）破损图像1的放大部分

（c）利用原始字典的修复结果　　　　（d）利用相关字典的修复结果

图 3.9　　原始图像 1 修复结果裁剪放大示意图

（a）原始图像2的放大部分　　　　（b）破损图像2的放大部分

（c）利用原始字典的修复结果　　　　（d）利用相关字典的修复结果

图 3.10　　原始图像 2 修复结果裁剪放大示意图

从图 3.7 和图 3.8 可以看出，使用原始字典的修复结果中存在一些伪影，这些伪影可以从图 3.9 和图 3.10 很容易地看出来。产生这些伪影是因为原始字典中包含与图像目标块无关的原子。与此同时使用相关字典的修复结果图 3.7（d）和图 3.8（d）中获得了良好的视觉效果，人眼看上去没有奇怪的感觉，并且可以很清晰地显现出来。从主观评价和客观评价可以清楚地看出来，使用相关字典修复算法的性能优于使用原始字典的修复算法。

3.1.4　总结

在本节中，我们提出了一种基于稀疏表示和相关字典的新的修复方法。该方法总为每个目标块定义了与之相关的相关字典，该目标块的相关字典由未损坏区域中与目标块具有相似直方图的图像块组成。这是一个重要的步骤，它保证了修复结果更准确，因此，目标块可以通过相关字典中图像块的稀疏表示来修复。正如实验结果所示，使用相关字典的方法比使用原始字典获得了更好的修复性能。修复结果客观的定量评价与主观视觉效果一致。

未来，我们将关注如何使用直方图选择与目标块相关的块。选择与目标块越相似的块，修复效果越好。此外，我们还想研究其他的图像修复的方法，尤其是针对破损区域较大的图像。

3.2　一种提高的直方图比较方法

在 3.1 节中已经介绍了利用相关字典进行图像修复，但是利用相关字典进行图像修复存在一个问题。如表 3.2 所示，三个样本的直方图总和值都是 10，所以我们利用求和直方图排序然后再选择样本作为字典时就会出错。

表 3.2　相关字典客观评价指标值

例　　子	R 通道	G 通道	B 通道	Sum(R, G, B)
11	4.2	3.5	2.3	10
2	0.8	8.1	1.1	10
3	6.1	1.5	2.4	10

为了解决这个问题，编者提出了一种改进的直方图比较方法。考虑到彩色图像具有三个通道，这里将图像块的相似度视为一个 3-D 向量并找到它的最大值，然后对它们进行排序。表 3.2 排序后的示例显示在表 3.3 中。然后我们可以通过此方法找到相似的块来生成直方图字典。本节提出的最大直方图的算法框架如图 3.11。从图 3.11 可以看出，总和直方图与最大直方图最大的差异在于对 R、G、B 三个通道处理方式上。

表 3.3　相关字典客观评价指标值排序结果

例　　子	R 通道	G 通道	B 通道	Sum(R, G, B)	Max(R, G, B)	排　　序
1	4.2	3.5	2.3	10	4.2	1
2	0.8	8.1	1.1	10	8.1	3
3	6.1	1.5	2.4	10	6.1	2

与方程 3.14 类似，这里将三个通道的最大差异表示为 V_{Mi}。

$$V_{Mi} = \max(V_{\mathrm{R}i}, V_{\mathrm{G}i}, V_{\mathrm{B}i}) \tag{3.21}$$

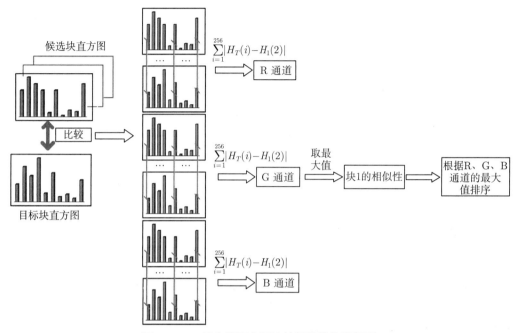

图 3.11　最大值直方图比较相似性的流程图

　　假设已知图像块的数量为 L，基于最大差异的相似度可以写为 $\boldsymbol{V_M} = [V_{M1}, \cdots, V_{ML}]^{\mathrm{T}}$。然后，对 $\boldsymbol{V_M}$ 进行排序，找出前 TN_1（$TN_1 < L$）个已知的图像块用来生成直方图字典。

3.2.1　直方图字典

　　对于每个目标块，令 $TN_1 = 50$，然后用它们构建一个直方图字典。图 3.12（a）和（b）显示了两个目标块以及使用改进的直方图比较方法获得的相似块。图 3.12（c）和（d）在散点图中显示了图 3.12（a）和（b）选择的相似块。

　　另外，为了清楚地显示差异，这里通过一个具体的例子来展示同一个目标块使用直方图的两种不同方法进行相似度比较得到的相似块，如图 3.13 所示。也就是说在同一幅图片中显示了使用两种方法选择的前 50 个图像块。图中用"Sample"字体区域矩形块显示基于最大值直方图方法的结果，未破损区域的矩形块显示基于求和直方图方法的结果。从图 3.13（a）可以看出，使用基于最大值直方图的相似性比较方法选择的前 50 个样本块比使用基于求和直方图的相似性比较方法选择的样本块包含更多的相关块。从图 3.13（b）可以看出，使用基于最大值直方图的相似性比较方法选择的前 50 个样本块通常与使用基于求和直方图的相似性比较的方法选择的块一样与目标块具有相关性。

（a）目标块1及选择的与其相似的块

（b）目标块2及选择的与其相似的块

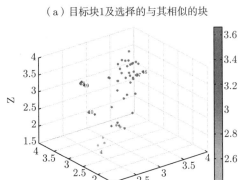

（c）目标块1的直方图

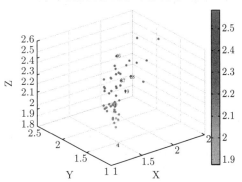

（d）目标块2的直方图

图 3.12　利用最大值直方图选择的前 50 个相似块

（a）目标块1及其利用求和直方图和最大值直方图选择的相似块

（b）目标块2及其利用求和直方图和最大值直方图选择的相似块

图 3.13　分别利用求和直方图和最大值直方图对同一目标块选择的相似块

3.2.2　基于直方图字典的图像修复

基于直方图字典的图像修复过程与基于相关词典的图像修复算法类似。算法 1 中详细描述了基于直方图字典的图像修复算法。

算法 1　基于直方图字典的图像修复算法

输入：the observed image I

输出：inpainting image $\hat{I}$

Initialization: block= $n \times n$, KP, $l = 0$

Repeat:

Clipped the patch f_{l+1} from the image I in a window $(n \times n)$

if f_{L+1} *is as a candidate patch compute the histogram of the patch by Eq.3.8*

$L \leftarrow L + 1$

$KP_{L+1} = 4[KP_L \quad f_{L+1}]$ **then** f_{L+1} is in the source region S of image I

end

while *I has defective pixels* **do**

  initialization:$V_M=[\quad]$

  use the filling order to find the target patch ψ_p

  compute the histogram of it by Eq.(3.5)

  for $i = 1 : L$ **do**

    compute the difference between target patch and the candidate patches by Eq.3.11

    Use $V_{Mi} = \max(V_{Ri}, V_{Gi}, V_{Bi})$

    Update $V_M =[V_M \quad V_{Mi}]$

    $index \leftarrow sort(V_M)$

    $D_h=KP(:,index(1:L))$

  end

  $\hat{\alpha}=$FNNOMP(ψ_p, D_h)

  reconstruct the ψ_p by using Eq.3.18

end

3.2.3　实验结果

这一部分在各种自然图像上测试了所提出方法的性能并且将该方法与 Criminisi 等提出的修复算法进行了比较[118-119]，还采用了一些文献[118-119] 中描述的修复填充顺序，使用算法 1 来实现所提出的方法。将 L 的个数设置为 400，也就是说这里选择前 400 个相似的块来构成直方图字典。为了公平起见，所有方法的窗口大小设置为 9×9。

在定量评估中，将所提方法的性能与不同的图像修复方法进行了比较。本实验中使用 PSNR 作为评估修复结果的指标。此外，为了更清楚地比较修复结果，实验中还给出了 R、G、B 三个通道的 PSNR 值。

考虑到本章中这两种相似性方法，所提出的方法分别使用相关字典和直方图字典来修复图像的缺失区域。图 3.14 展示了本实验中的三幅实验图像及其修复结果。修复结果与原始图像之间的 PSNR 总结在表 3.4 中。在图 3.14（c）中，可以很明显地看到由

Criminisi 等提出的算法所得的修复结果具有错误。例如，修复结果中的雪山出现了不需要的结构信息。这是因为该方法只选择一个最佳匹配的块来修复缺失区域，会导致修复结果出现一些不需要的伪影。利用相关字典所得的修复结果如图 3.14（d）所示，可以看出图中山的边缘没有修复得很好，并且右侧图片在实验结果中产生了多余的颜色。对于使用相关字典的图像修复方法，在稀疏表示框架下相似的图像块由基于最大值直方图的相似度比较方法，因此它可以克服 Criminisi 等提出的修复方法造成的影响。此外，直方图字典是通过比较 3-D 向量的差异来生成的，它比相关字典更适合彩色图像。这一事实也被如表 3.4 所示的量化指标所证实了。因此，图像修复结果的客观定量评价结果与主观视觉效果评价一致。

（a）三幅图像的原始图像

（b）三幅图像的破损图像

（c）Criminisi 等提出的修复算法的修复结果

（d）基于相关字典修复算法的修复结果

（e）基于直方图字典的修复结果

图 3.14　三幅实验图像及其修复结果

表 3.4   修复图像与原始图像的 PSNR 指标值

图　片	通　道	Criminisi 修复算法	相似性比较方法	
			sum	max
N01	R 通道	31.2285	36.2735	38.8340
	G 通道	32.9927	37.0261	40.4300
	B 通道	33.8244	37.0565	41.3951
	RGB	32.6819	36.7854	**40.2197**
N06	R 通道	31.2285	36.2735	38.8340
	G 通道	32.9927	37.0261	40.4300
	B 通道	33.8244	37.0565	41.3951
	RGB	32.6819	36.7854	**40.2197**
N05	R 通道	31.2285	36.2735	38.8340
	G 通道	32.9927	37.0261	40.4300
	B 通道	33.8244	37.0565	41.3951
	RGB	32.6819	36.7854	**40.2197**
N02	R 通道	31.2285	36.2735	38.8340
	G 通道	32.9927	37.0261	40.4300
	B 通道	33.8244	37.0565	41.3951
	RGB	32.6819	36.7854	**40.2197**

3.2.4　结论

本章提出了一种新的基于稀疏表示的图像修复方法。为了解决固定字典带来的适应性差的问题，提出了基于稀疏表示的方法，该方法直接使用从未破损区域中的所有块构建的字典。因为字典由待修复图像未破损区域的所有块组成，这些块将包含大量不相关的原子，因此它们可能会影响修复结果。为了解决这个问题，提出了两种相似度度量的方法，即基于求和直方图和基于最大直方图的方法，用于比较目标块与所有候选块之间的相似度。然后选择相似的块组成相关字典和直方图字典。这样就可以避免不相关的块对稀疏表示造成干扰。

实验结果表明，使用直方图字典的图像修复结果优于使用相关词典的图像修复结果。此外，还将使用直方图字典提出的修复方法与 Criminisi 等提出的方法进行了比较，实验结果表明，前者在 PSNR 定性评价指标和视觉质量方面都表现出更好的性能。

第4章

利用相位一致性进行多聚焦图像融合

4.1 引言

多聚焦图像融合用来获得一幅所有聚焦的对象都被选中的图像，其关键问题是确定每个输入图像中的哪些部分是聚焦区域，并将它们合并以获得融合图像。

大多数图像融合方法中包含聚焦测量（FM）和融合规则（FR）两个主要的部分。方法分为空间域方法和变换域方法[25,57]。空间域融合规则比变换域融合规则更适合多焦点图像融合，因为基于前者的融合结果包含来自输入图像的原始聚焦区域[63,65]。但是，在空域融合方法中，FM 是在输入图像的尺度上得到的而其他尺度的细节检测不好。多尺度分析有利于同时在图像内以不同尺度呈现更多细节。

在本节中，所提出的方法的 FM 是从输入图像的不同尺度中获得的，FR 是在空间域中实现的。一种基于相位一致性 (Phase Coherence，PC) 的复 Gabor 小波域 FM 应用于多焦点图像融合。通过 PC 获得的 FM 对噪声具有鲁棒性，并且可以从多尺度分量中检测到图像中的边缘和角落等细节[126-127]。提出了基于窗口的验证 FR，以便在每个空间位置实现最大 PC。

4.2 Gabor 函数与 log Gabor 函数

4.2.1 Gabor 函数

数字图像处理主要分为空域分析法和频域分析法。空域分析法就是直接对由图像中元素组成的矩阵进行处理；频域分析法是经过频域变换，在频域中分析图像的特征并进行合适的处理。傅里叶变换就是一种能够将图像的信号变换到频域的一种变换方式，起初研究者首先将图像信息进行傅里叶变换得到图像的频域信息，在频域信息中对图像进行处理。然而，经过研究发现这种方法有很大的不足，傅里叶变换反映的是信号频率的统计特性而不能够局部化分析信号，傅里叶变换的时域和频域是完全分割开来的并且对信号的齐性不敏感。

为了解决傅里叶变换的不足，Gabor 在 1946 年提出 Gabor 变换[128]。Gabor 变换通过引入时间局部化的窗函数，得到了窗口傅里叶变换，又可以称为 Gabor 变换。Gabor 变换可以同时提供时域和频域局部化的信息。Gabor 变换的定义为

$$G_f(\omega, \tau) = \int_{-\infty}^{+\infty} f(t)g_a(t-\tau)e^{-j\omega t}\mathrm{d}t$$

$$= \frac{1}{2\sqrt{\pi a}} \int_{-\infty}^{+\infty} f(t) e^{-[(t-\tau)^2/4a]-j\omega t} \mathrm{d}t \tag{4.1}$$

其中，窗口函数为

$$g_a = \frac{1}{2\sqrt{\pi a}} e^{-(t-\tau)^2/4a} \mathrm{d}t \tag{4.2}$$

式中，参数 τ 可以改变窗口的中心位置，参数 a 可以调节窗口的大小。

研究发现，Gabor 函数具有以下特性：方向选择性和尺度选择性好、对图像边缘信息敏感等[129]。1988 年，Daugman[130] 通过神经网络计算 2-D Gabor 变换并将其用于图像分析。2-D Gabor 函数的表达式为

$$G(x,y) = e^{-\pi[(x-x_0^2)\alpha^2+(y-y_0^2)\beta^2]} e^{-2\pi i[u_0(x-x_0)+v_0(y-y_0)]} \tag{4.3}$$

式中，α 和 β 是尺度参数。Gabor 滤波器的实数部分和虚数部分如图 4.1 和图 4.2 所示。

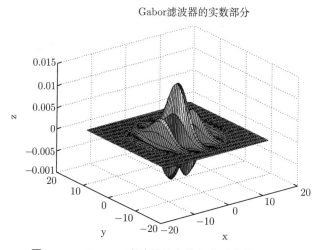

图 4.1　**Gabor** 滤波器的实数部分对应的函数图

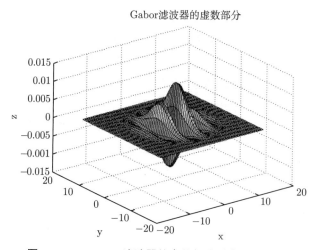

图 4.2　**Gabor** 滤波器的虚数部分对应的函数图

4.2.2　log Gabor 函数

Field[131] 为了理解在哺乳动物视觉系统中图像的表达形式，对多个编码机制就怎样表示自然图像的信息这个问题进行了比较，最后经过试验得出，对数频率尺度上传递函数为高斯函数的滤波器可以对图像进行更有效的编码。log Gabor 函数的一维数学表达式可以表示为[132]

$$g(\omega) = \exp \frac{-(\log(\omega/\omega_0))^2}{2(\log(\beta/\omega_0))^2} \tag{4.4}$$

图 4.3 分别展示了 log Gabor 函数和 Gabor 函数在线性尺度和对数尺度的传递函数，其中，log Gabor 函数与 Gabor 函数最重要的不同是：在对数频率尺度上，log Gabor 函数是高斯函数，它是对称的。Field 在文章[131] 指出对数频率尺度是视觉神经元空间频率响应表示的标准方法。

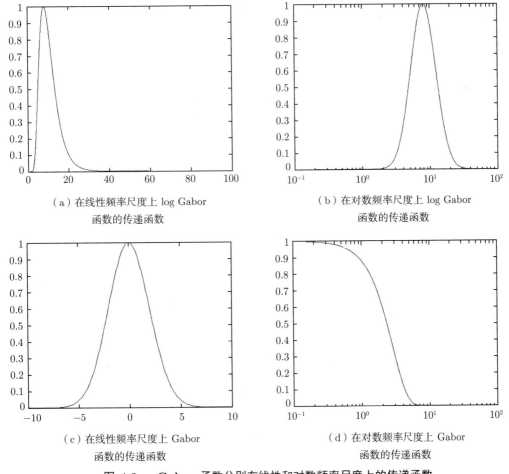

（a）在线性频率尺度上 log Gabor
函数的传递函数

（b）在对数频率尺度上 log Gabor
函数的传递函数

（c）在线性频率尺度上 Gabor
函数的传递函数

（d）在对数频率尺度上 Gabor
函数的传递函数

图 4.3　Gabor 函数分别在线性和对数频率尺度上的传递函数

4.3　相位一致性

4.3.1　相位一致性的概念

在信号的傅里叶表示中，幅度谱和相位谱扮演着不同的角色。然而如果在只保留信号相位特性的情况下，一个信号的许多重要特征都可以被保留。Oppenheim 等在文章[133] 中指出，从只有幅度谱的全息图中重建对象，重建的对象对原始对象的表达没有太大的价值；相反，从只有相位的全息图中重建对象，重建的对象与原始对象有许多共有的重要特征。Oppenheim 等[133] 还通过实例证明了许多原始图像的特征在相位图像中可以明确地被识别，但是在频谱图像中却不能被识别，据此得到了重要发现：傅里叶相位携带有关于图像结构和特征的重要信息。如果激励在图像中是随机分布的，那么图像全局的高阶统计将反映出单个刺激的高阶统计。因此，局部相位测量的校准可以以带有全局相位谱测量的谐波相位关系来呈现，并且这种在自然图像中普遍存在的局部现象将在抑制全局高阶统计测量中起到关键的作用。

总之，高阶的傅里叶统计可以用于检测自然图像中的相位结构[134]。Morrone 通过实验证明马赫带与边缘是不同的，但是马赫带和边缘都依赖于相位关系（马赫带是由于视觉系统的侧抑制现象产生的)[135]，并且他们指出人类视觉来定位长方形的条和边缘的一个有效方法是考虑奇和偶的对称性滤波的输出平方和，而这些长方形的条和边缘总是在相位一致性的点的峰值处。对于一些奇和偶的对称性特征的孤立点，例如线和阶跃的边，所有傅里叶分量的到达相位是相同的[135-136]。相位一致性是图像特征中一个低水平的不变形属性[126]，并且提供了对相位校准模式协议的一种量化方法[126,136]。利用图像本身和它的希尔伯特变换，Morrone 等定义了一个局部能量函数并且证明了能量函数的局部最大值就出现在相位一致性最大的点，图像的特征也总是出现在该点处[136]。相位一致性函数是按照在信号里的每一个点 x 的一个序列的傅里叶级数展开来定义的[136]。

$$\mathrm{PC}_1(x) = \max_{\bar{\phi}(x) \in [0,2\pi]} \frac{\sum_n \{A_n(x) \cos[\phi_n(x) - \bar{\phi}(x)]\}}{\sum_n A_n(x)} \tag{4.5}$$

其中，$\bar{\phi}(x)$ 的值是相位一致性函数的最大值，$A(x)$ 是在 x 位置的第 n 个傅里叶分量的局部幅度，并且 $\phi_n(x)$ 是它的局部相位。

这里利用一个方波来介绍相位一致性，如图 4.4 所示，虚线指的是周期为 2π 的方波。傅里叶级数的前四部分，这些项的和与它们的相位一致性被绘制出来。所有的傅里叶分量在阶跃函数的相位一致性接近于 1 的点是同相的。方波的傅里叶级数展开可以表示为

$$s(x) = \sum_{n=-\infty}^{\infty} s_n(x) = \sum_{n=-\infty}^{\infty} \frac{2}{\pi(2n+1)} \sin[(2n+1)x] \tag{4.6}$$

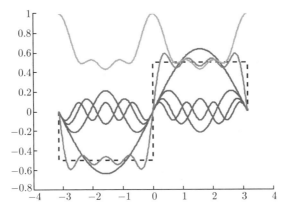

图 4.4　　一个方波和它的相位一致性的近似傅里叶重建

信号 $s(x)$ 的希尔伯特变换可以表示为

$$h(x) = \sum_{n=-\infty}^{\infty} h_n(x) = \sum_{n=-\infty}^{\infty} \frac{2}{\pi(2n+1)} \cos[(2n+1)x] \tag{4.7}$$

在点 x 位置的傅里叶分量的局部幅度可以利用下面的式子来计算，

$$A_n(x) = \sqrt{s_n^2(x) + h_n^2(x)} \tag{4.8}$$

局部相位可以用下面的式子来计算，

$$\phi_n(x) = \arctan \frac{h_n(x)}{s_n(x)} \tag{4.9}$$

把方程 (4.8) 和方程 (4.9) 代入到方程 (4.5) 中得到相位一致性函数。如图 4.4 所示，最上方的线表示的是相位一致性函数，并且所有的正弦波在阶跃的点恰好是同相的。

4.3.2　利用小波计算相位一致性

　　方波的阶跃与急剧变化的像素相似，这些剧变的像素指的是一幅图像的密度突然改变，在本文中用相位一致性函数来检测图像密度的局部急剧变化并且评价输入图像的聚焦质量。如果输入图像中的一个像素的相位一致性函数的值比在另一幅输入图像的同一个像素的相位一致性函数的值高，这就说明这个像素在前一幅图像中是聚焦的，反之亦然。

　　相位一致性不能很成功地用于特征检测的原因主要有：① 作为一个标准量，相位一致性对噪声具有高度的敏感性；② 如果在信号中所有的频率分量都很小，或者是在信号中仅仅只有一个或者接近一个频率分量的时候，相位一致性的计算就接近于病态；③ 现存的相位一致性测量方法，不能很好地提供特征定位[126]。另外，因为获得一幅图像的相位一致性函数是非常难的，所以这里用 log Gabor 小波滤波器来改进每一个空间位置的相位一致性函数 PC[126]。

Kovesi[137] 给出了利用小波来计算相位一致性的新方法，在这个过程中小波变换用于获得信号中一个点的频率信息。在这里计算局部频率，尤其是信号中的相位信息非常重要。为了保护信号中的相位信息，必须要利用线性相位滤波器。也就是说，必须要采用对称或者非对称正交对的非正交小波。Kovesi 借鉴了 Morlet 等的方法[138]，但是与 Morlet 等采用的 Gabor 滤波器方法不同，他利用了 Filed 提出的 log Gabor 函数[131]。这是因为在对数频率尺度上，log Gabor 函数的传递函数是高斯函数，并且 log Gabor 滤波器可以构造出任意大带宽的滤波器，同时能够在偶对称滤波器中保持一个零直流（Direct Current，DC）分量，而 Gabor 函数在带宽超过一倍频的情况下不能保持一个零直流值。

在第 2 章已经对 log Gabor 函数进行了详细的介绍，以 log Gabor 函数作为小波的基函数可以构成 log Gabor 滤波器。

不同尺度和方向上改进的相位一致性函数相加起来，相位一致性函数可以表示为

$$
\mathrm{PC}_2(x) = \frac{\sum\limits_{o}\sum\limits_{n} W_o(x) \lfloor A_{no}(x) \Delta\Phi_{no}(x) - T_o \rfloor}{\sum\limits_{o}\sum\limits_{n} A_{no}(x) + \varepsilon} \tag{4.10}
$$

式中，o 表示的是方向的索引；$\lfloor\ \rfloor$ 表示括号中的值为正时，赋入的值与它自己相等，否则为 0；$W_o(x)$ 是滤波响应的权重函数；T_o 是对噪声影响的估计；ε 是一个小的常数，用它来避免分母为零的情况。

对能量的表达式研究发现，模糊特征的相位一致性定位不是很好，主要原因在于：能量与相位角的偏差成比例，$\phi_{no}(x)$ 来自于总的相位角平均值 $\bar{\phi}_o(x)$，然而，当 $\phi_{no}(x) = \bar{\phi}_o(x)$ 时 cos 函数达到最大值，$\phi_{no}(x)$ 和 $\bar{\phi}_o(x)$ 的值在明显下降之前需要显著性的不同。除了 cos 函数，如果包含一个 sin 函数的相位偏差，把与方程 (4.5) 中余弦项相似的 $\Delta\Phi_{no}(x)$ 经过调整可以得到一个更加敏感的相位偏差项：

$$
\Delta\Phi_{no}(x) = \cos[\phi_{no}(x) - \bar{\phi}_o(x)] - |\sin[\phi_{no}(x) - \bar{\phi}_o(x)]| \tag{4.11}
$$

在实际的操作中，$A_{no}(x)\Delta\Phi_{no}(x)$ 可以写作

$$
\begin{aligned}
A_{no}(x)\Delta\Phi_{no}(x) = {} & s_{no}(x)\bar{\phi}_{so}(x) + h_{no}(x)\bar{\phi}_{ho}(x) - \\
& |s_{no}(x)\bar{\phi}_{ho}(x) - h_{no}(x)\bar{\phi}_{so}(x)|
\end{aligned} \tag{4.12}
$$

式中，$\bar{\phi}_{so}(x) = \sum s_{no}(x)/E_o(x)$ 和 $\bar{\phi}_{ho}(x) = \sum h_{no}(x)/E_o(x)$。

这样表示的一个好处是可以直接从滤波输出获得一个近似的的绝对相位差，而不是采用一个反三角函数。$s_{no}(x)$ 和 $h_{no}(x)$ 分别是偶对称滤波器和奇对称滤波器在尺度为 n，方向为 o 的滤波输出。因此，在此尺度下的变换幅度可以表示为

$$
A_n(x) = \sqrt{(s_{no}(x))^2 + (h_{no}(x))^2} \tag{4.13}
$$

在信号每一点的 x，都会有这样的响应向量数组，每一个向量对应一个滤波器的尺度。这些响应向量构成了局部表示信号的基，它们可以像傅里叶分量一样被正确地利用，用来计算相位一致性。对傅里叶分量 $F(x)$ 的估计可以通过对偶滤波器的输出进行求和来得到，同理，$H(x)$ 可以通过对奇滤波器的输出进行求和得到：

$$F(x) \simeq \sum s_{no}(x) \tag{4.14}$$

$$H(x) \simeq \sum h_{no}(x) \tag{4.15}$$

$$\sum_n A_n(x) \simeq \sum_n \sqrt{\left(s_{no}(x)\right)^2 + \left(h_{no}(x)\right)^2} \tag{4.16}$$

$E_o(x)$ 是局部能量，它可以表示为

$$E_o(x) = \sqrt{\left(\sum s_{no}(x)\right)^2 + \left(\sum h_{no}(x)\right)^2} \tag{4.17}$$

如果有点出现在一个宽的频率范围，那么这个点的相位一致性是唯一重要的。在一个退化的情况下，仅仅只有一个频率分量（一个纯正弦波），相位一致性在每一个地方都为 1。另外一个更加普遍的情况是一个特征已经经受了高斯平滑，平滑的操作减少了信号中高频分量的同时也降低了频率传播。因此相位一致性作为一个特征重要性的评价方法，应该被频繁出现的传播所加权。相位一致性的权重函数 $W_o(x)$ 是传播滤波器响应值的一个函数：

$$W_o(x) = \frac{1}{1 + e^{-\gamma[\chi_o(x) - c]}} \tag{4.18}$$

式中，γ 是一个增益系数，用来控制截止的锐利度；c 是滤波响应传播的截止值，低于这个值相位一致性的值将变为惩罚系数；S 型函数是一个典型的神经元非线性传递函数，用来帮助补偿输出，选择 S 型函数仅仅是因为它非常简单并且易于实现。式子中的 $\chi_o(x)$ 可以写为

$$\chi_o(x) = \frac{1}{N}\left[\frac{\sum A_{no}(x)}{A_{\max}(x) + \varepsilon}\right] \tag{4.19}$$

式中，N 是所考虑的尺度总数量；$A_{\max}(x)$ 是滤波器组在点 x 处响应的最大幅度；ε 是一个常数，用来避免分母为零的情况并且当 $\sum A_{no}(x)$ 和 $A_{\max}$ 都很小的时候用来抑制结果。

权重因子定义为在一幅图像中聚焦区域的值除以非聚焦区域的值[126-127]。相位一致性通过频率传播来加权，同时减少了低频率传播的情况下的假响应，额外的好处就是加强了特征的定位，尤其是那些已经被平滑的特征。

在一个方向获得相位一致性函数的流程图如图 4.5 所示，其中，方向的后缀 o 是忽略的并且空间坐标 (x, y) 可以简化为 (x)，一幅输入图像 $I(x, y)$ 的两个变量可以表示为密度，x 和 y 是坐标的索引。因为很难计算一幅图像的傅里叶分量，所以利用一系列不同的尺度

分量以相同的方式作为方程 (4.5) 中的傅里叶分量计算 PC，序列 $s_n(x,y)$ 和 $h_n(x,y)$ 利用不同尺度的 log Gabor 小波滤波器来产生，$s_n(x,y)$ 和 $h_n(x,y)$ 在频率域获得

$$s_n(x,y) + ih_n(x,y) = \mathcal{F}^{-1}\{\mathcal{F}[I(x,y)]G_\omega(u,v)\} \tag{4.20}$$

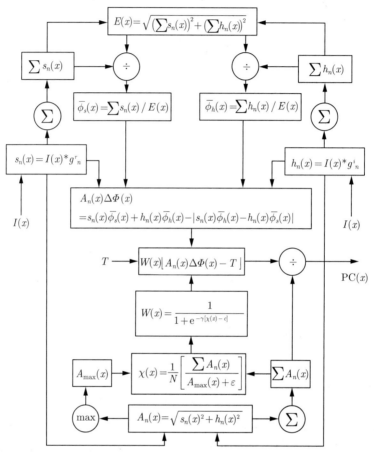

图 4.5　改进的相位一致性 $\mathrm{PC}_2(x)$ 在一个方向上的实现流程图

输出的实部对应于 $s_n(x,y)$，虚部对应于 $h_n(x,y)$，u 和 v 是频率坐标变量，$\mathcal{F}$ 表示傅里叶变换，$\mathcal{F}^{-1}$ 表示傅里叶反变换，ω 决定尺度分量，$G_\omega(u,v)$ 是方向型的多尺度 log Gabor 滤波器，可以表示为

$$G_\omega(u,v) = e^{-\frac{\left(\ln\frac{\sqrt{u^2+v^2}}{\omega}\right)^2}{2(\ln\sigma_1)^2}} e^{-\frac{(\arctan\frac{v}{u}-\alpha)^2}{2\sigma_2^2}} \tag{4.21}$$

式中，α 和 σ_1 用于在滤波方向之间产生间隔角，σ_1 设置为 0.75 和 0.55 分别用于获得 1 倍频程带宽和 2 倍频程带宽。图 4.6 和图 4.7 分别表示了 Log Gabor 在 1 倍频程和 2 倍频程的偶数和奇数滤波器。

　　本章基于对多聚焦图像融合的研究，将提出一个新的基于相位一致性的多聚焦图像融合方法。新的算法将相位一致性作为聚焦评价函数，并且引入多数滤波器，对图像融合的效果更好。

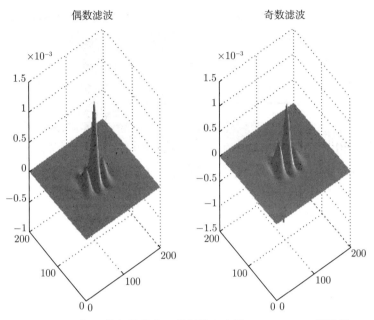

图 4.6　　在 1 倍频程带宽下的偶数和奇数 log Gabor 滤波器

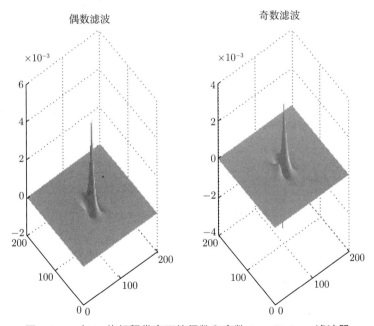

图 4.7　　在 2 倍频程带宽下的偶数和奇数 log Gabor 滤波器

4.3.3　聚焦评价函数

聚焦图像比离焦图像包含更多的信息和细节，这是设计聚焦评价函数的基础。一般情况下较好的图像聚焦评价函数要具备以下几个特征：① 聚焦位置应该在评价函数的极值点所对应的位置；② 聚焦评价函数应该能够尽量减小噪声的影响以及在计算过程中产生的误差；③ 在前两个条件满足的情况下，评价函数越简单越好，以便能够更好地提高计算速度[139]。聚焦评价函数可以定义为：对聚焦图像使用聚焦评价函数可以得到最大值，对离焦图像使用聚焦评价函数得到的结果则较小[140]。所以，在多聚焦图像融合中，一幅输入图像的某个区域如果是聚焦区域，那么对该图的这个区域使用聚焦评价函数得到的值就比对另外一幅输入图像的同一区域使用聚焦评价函数得到的值要高。

本文所采用的聚焦评价函数是相位一致性函数，是用 log Gabor 小波滤波器改进过的。另外几种常见的聚焦评价函数有图像的拉普拉斯能量（Energy of Image Laplacian，EOL）、Sum-modified-Laplacian（SML）、图像的梯度能量（Energy of Image Gradient，EOG）和空间频率（Spatial Frequency，SF）。以下是对几种常见聚焦评价函数的详细介绍。

（1）图像的拉普拉斯能量。

EOL 是一种用于分析空域高频信号以及图像边缘锐利程度的聚焦评价函数[140]：

$$\text{EOL} = \sum_x \sum_y (f_{xx} + f_{yy})^2 \tag{4.22}$$

其中，

$$f_{xx} + f_{yy} = -f(x-1, y-1) - 4f(x-1, y) - f(x-1, y+1) - \\ 4f(x, y-1) + 20f(x, y) - 4f(x, y+1) \tag{4.23}$$

由于 EOL 反映的是图像清晰度，所以它的值越大就表明图像越清晰。

（2）Sum-modified-Laplacian。

Nayar 对拉普拉斯算子做了改进[141]，基于拉普拉斯在 x 和 y 方向的二阶导数的符号可以是相反的并且倾向于两者相互抵消，所以他提出了调整的拉普拉斯算子。调整的拉普拉斯算子的离散逼近表达式为

$$\nabla^2_{ML} f(x, y) = |2f(x, y) - f(x - \text{step}, y) - f(x + \text{step}, y)| + \\ |2f(x, y) - f(x, y - \text{step}) - f(x, y + \text{step})| \tag{4.24}$$

在本节中所有的"step"都等于 1。SML 表示为

$$\text{SML} = \sum_{i=x-N}^{i=x+N} \sum_{j=y-N}^{j=y+N} \nabla^2_{ML} f(i, j) \tag{4.25}$$

并且 $\nabla^2_{ML} f(i, j) \geqslant T$。$T$ 是一个预先设定的阈值，参数 N 用于确定计算 SML 的窗口尺寸。

（3）图像的梯度能量。

图像的梯度能量表达式可以写作[141]：

$$\text{EOG} = \sum_x \sum_y (f_x^2 + f_y^2) \tag{4.26}$$

其中，

$$f_x = f(x+1, y) - f(x, y) \tag{4.27}$$

$$f_y = f(x, y+1) - f(x, y) \tag{4.28}$$

（4）空间频率。

从严格意义上来说，空间频率[142] 不是聚焦评价函数，而是图像梯度能量 EOG 的变形。空间频率的定义如下[65]：

$$\text{SF} = \sqrt{(\text{RF})^2 + (\text{CF})^2} \tag{4.29}$$

其中，RF 是行频率，定义为

$$\text{RF} = \sqrt{\frac{1}{M \times N} \sum_{x=1}^{M} \sum_{y=2}^{N} [f(x, y) - f(x, y-1)]^2} \tag{4.30}$$

CF 是列频率，定义为

$$\text{CF} = \sqrt{\frac{1}{M \times N} \sum_{x=2}^{M} \sum_{y=1}^{N} [f(x, y) - f(x-1, y)]^2} \tag{4.31}$$

空间频率主要反映的是一幅图像在空间域的总体活跃度，它的值越大就表明图像质量越好。

4.4　聚焦评价函数的实验与应用

4.4.1　聚焦评价函数的有效性实验

1. 聚焦评价函数的鲁棒性实验

为了论证 PC 与其它聚焦函数相比对噪声更具有鲁棒性，做了如下实验。

（1）分别对 640×480 标准灰度图像 lab、512×512 标准灰度图像 clock、640×480 标准灰度图像 disk 和 512×512 标准灰度图像 pepsi 的原始图像加入不同级别的高斯噪声，使原始输入图像变为退化图像 $J = I + \eta$，其中 η 是均值为 0、方差范围为（0:0.02:0.18）的高斯噪声。

（2）根据原理图 4.8 采用不同的聚焦评价函数进行图像融合。

（3）融合后的结果，利用 $Q_p^{ab|f}$ 的值来进行比较。

实验的结果如图 4.9 所示，从图中我们可以清晰地看出利用 PC 作为聚焦评价函数的融合结果对不同级别噪声表现得很稳定。PC 作为一个聚焦评价函数与其他的聚焦评价函数相比对噪声更具有鲁棒性。

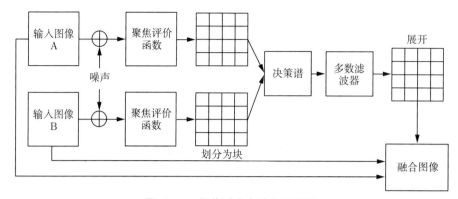

图 4.8   图像融合方法的原理图

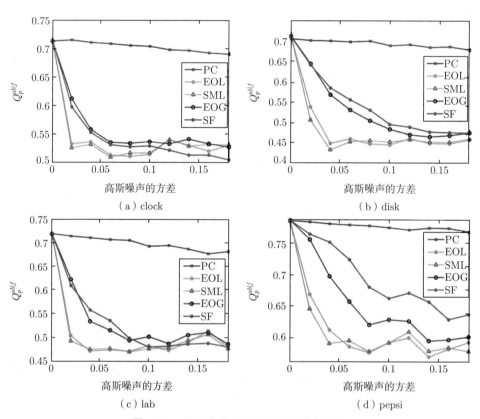

图 4.9   不同聚焦评价函数的噪声鲁棒性

2. 聚焦评价函数的聚集性实验

对原始图像 lena 和 temple 进行实验，由于聚焦评价函数值计算的是一幅图像的聚焦区域，所以好的聚焦评价函数能够更准确、更多地找出聚焦区域。图 4.10 和图 4.11 分别是 lena 和 temple 的原始图像以及采用不同聚焦评价函数的的聚焦结果图。lena 图像中人物是聚焦的，temple 图像中石狮子是聚焦的。从实验的结果图片可以看出来，本文提到的聚焦评价函数 PC 计算出来的聚焦区域最多，所以本文采用的聚焦评价函数要比其他几种聚焦评价函数的聚焦效果更好。

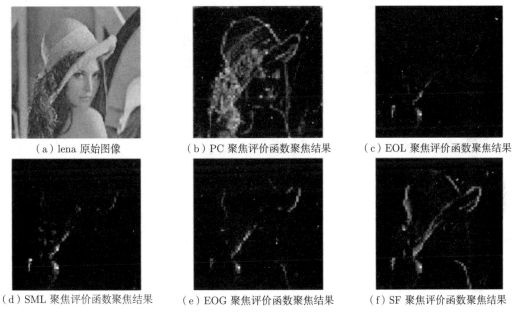

（a）lena 原始图像　　　　（b）PC 聚焦评价函数聚焦结果　　　　（c）EOL 聚焦评价函数聚焦结果

（d）SML 聚焦评价函数聚焦结果　　　（e）EOG 聚焦评价函数聚焦结果　　　（f）SF 聚焦评价函数聚焦结果

图 4.10　　不同的聚焦评价函数对 lena 图像的聚焦性能

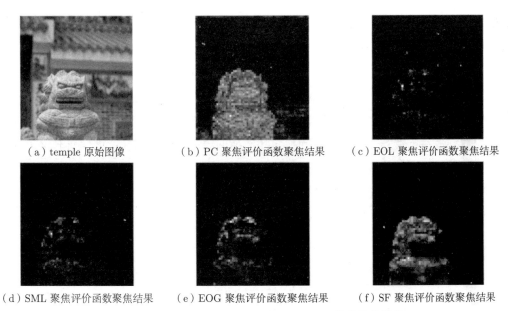

（a）temple 原始图像　　　（b）PC 聚焦评价函数聚焦结果　　　　（c）EOL 聚焦评价函数聚焦结果

（d）SML 聚焦评价函数聚焦结果　　　（e）EOG 聚焦评价函数聚焦结果　　　（f）SF 聚焦评价函数聚焦结果

图 4.11　　不同的聚焦评价函数对 temple 图像的聚焦性能

4.4.2　基于相位一致性的图像融合

本文提出的图像融合算法可以根据原理图 4.8 来实现。首先假设输入图像的聚焦位置可以提供有用的信息，那么通过对输入图像进行融合得到的融合图像将会包含更多的有用信息。相位一致性矩阵可以通过式 (4.10) 来计算，并且用于输入图像的聚焦评价函数。聚焦评价函数矩阵的大小和输入图像的大小是一样的。在具体的试验中，如果需要测试加入噪声后输入图像的不同聚焦方法的性能，那么只需要加入噪声到输入图像中然后来计算退化图像的聚焦评价函数。一个二值的决策图是从输入图像中选择像素得来的，随后通过利用多数滤波器来进行一致性验证。为了获得一个更好的融合结果，在做了大量的实验之后这里对多数滤波器进行了调整。如图 4.12 所示，改进的多数滤波器是考虑了三次平滑滤波过程在一个小的滑动窗口呈现在聚焦区域和非聚焦区域之间的确切边界。在这个融合规则下，输出图像中包含了大部分主要像素。

多数滤波器提供了从聚焦区域传播到它们邻域的一种方法[33]，并且在本文中提到的算法中它还用来平滑一个二进制决策图。如果滤波窗口的中心像素值来自于图像 A，同时周围大多数的像素来自于图像 B，那么对应的窗口像素值应该转换为图像 B 的像素，在实际应用中一般利用多数滤波器来实现这种操作。对于输入图中，考虑到像素的每一个窗口，如果在输入图中多数像素为 1，那么多数滤波器将分配 1 给输出图的中心像素。多数滤波器利用的是基于窗口的一致性检测，数学表达式可以表示为

$$
D_b = \begin{cases} 1, & D * W_l > \dfrac{l^2}{2} \\ 0, & \text{其他} \end{cases} \tag{4.32}
$$

式中，$*$ 表示为卷积，D 是输入决策图，D_b 是输出决策图，W_l 是一个滑动 $l \times l$ 窗口，在这个窗口中所有的值设置为 1。

$\dfrac{l^2}{2}$ 这一项可以由 $0.5 * W_l$ 这一项来获得，因此多数滤波器可以由算法 2 来实现。根据算法 2 来进一步调整多数滤波器，提高它的滤波效果。从图 4.12（a）中可以清晰地看出在采用多数滤波器之前，决策图 D 中聚焦区域和非聚焦区域的边界不是很明显，而图 4.12（b）中经过多数滤波器的滤波，聚焦区域和非聚焦区域的边界变得很明显，这样有利于更好地进行图像融合，使融合效果变得更好。

算法 2　多数滤波器

$D = D - 0.5;$
$D = D * W_l$
if $D_b = 1$ **then** $D > 0$
end
else
$\quad | \quad D_b = 0$
end

因为一个聚焦物体是通过一系列的相邻像素呈现出来的，所以这里把融合方法矩阵分为一些小块（如图 4.8）所示。相应地，决策图通过 Kronecker 积进行扩展。可以利用一个具体的例子来探索一下 Kronecker 积的概念：如果 $\boldsymbol{D}_b$ 是一个 2×2 的矩阵，$\boldsymbol{W}_2$ 也是 2×2

全一矩阵，那么 Kronecker 积 $\boldsymbol{D}_p$ 是一个 4×4 的矩阵。

$$\boldsymbol{D}_p = \boldsymbol{D}_b \otimes \boldsymbol{W}_2 = \begin{pmatrix} n_1 & n_2 \\ n_3 & n_4 \end{pmatrix} \otimes \begin{pmatrix} 1 & 1 \\ 1 & 1 \end{pmatrix} = \begin{pmatrix} n_1 & n_1 & n_2 & n_2 \\ n_1 & n_1 & n_2 & n_2 \\ n_3 & n_3 & n_4 & n_4 \\ n_3 & n_3 & n_4 & n_4 \end{pmatrix} \tag{4.33}$$

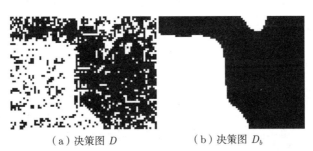

（a）决策图 D （b）决策图 D_b

图 4.12   多数滤波器示意图

4.4.3 算法实现

本书提到基于相位一致性的图像融合算法中，首先对输入图像计算其相应的聚焦评价函数值，然后通过比较输入图像的聚焦评价函数值得到决策图，利用多数滤波器对得到的决策图进行一致性验证，最后根据融合规则进行图像融合。具体的算法可以分为 7 个步骤：

（1）归一化两个输入图像 $I^A(x,y)$ 和 $I^B(x,y)$ 使图像像素值的范围变为 [0，1]。

（2）计算归一化图像的聚焦评价函数值 $F_m(x,y)$，得到图像的聚焦矩阵。

（3）划分聚焦矩阵为不重叠的 8×8 矩阵块，并且计算每一个块的特征矩阵为

$$\boldsymbol{M}_b(p,q) = \sum [F_m(x,y)]^2 \tag{4.34}$$

式中，$\boldsymbol{M}_b(p,q)$ 是一个特征矩阵，p 和 q 是块的坐标，矩阵 $\boldsymbol{F}_m(x,y)$ 的 8×8 块与特征矩阵中的 (p,q) 相对应。为了叙述方便，这里使用 $\boldsymbol{M}_b^A(p,q)$ 和 $\boldsymbol{M}_b^B(p,q)$ 分别表示图 4.8 中输入图像 A 和 B 的特征矩阵。

（4）通过一个阶跃函数来比较特征矩阵 $\boldsymbol{M}_b^A(p,q)$ 和 $\boldsymbol{M}_b^B(p,q)$，并且获得一个决策图，

$$\boldsymbol{D}(p,q) = \begin{cases} 1, & \boldsymbol{M}_b^A(p,q) > \boldsymbol{M}_b^B(p,q) \\ 0, & \text{其他} \end{cases} \tag{4.35}$$

式中，$\boldsymbol{D}(p,q)$ 的尺寸大小和 $\boldsymbol{M}_b(p,q)$ 的尺寸大小一样。

（5）利用多数滤波器来平滑矩阵 $\boldsymbol{D}(p,q)$。经过一系列的实验得出，在实际操作中要用多数滤波器进行 3 次滤波，这样使决策图中聚焦区域和非聚焦区域的边界更加明显。

（6）利用 Kronecher 积来扩大 $\boldsymbol{D}_b(p,q)$ 到 $\boldsymbol{D}_p(x,y)$,

$$\boldsymbol{D}_p(x,y) = \boldsymbol{D}_b(p,q) \otimes \boldsymbol{W} \tag{4.36}$$

式中，$\otimes$ 表示为 Kronecher 积，$\boldsymbol{D}_p(x,y)$ 的尺寸和输入图像尺寸大小一样，$\boldsymbol{W}$ 是一个 $8{\times}8$ 的全一矩阵。

（7）利用决策图 $\boldsymbol{D}_p(x,y)$ 从输入图像中选择像素用来获得融合图像，

$$F(x,y) = \boldsymbol{D}_p(x,y)I^A(x,y) + (1 - \boldsymbol{D}_p(x,y))I^B(x,y), \tag{4.37}$$

该算法的编程实现如图 4.13 所示。

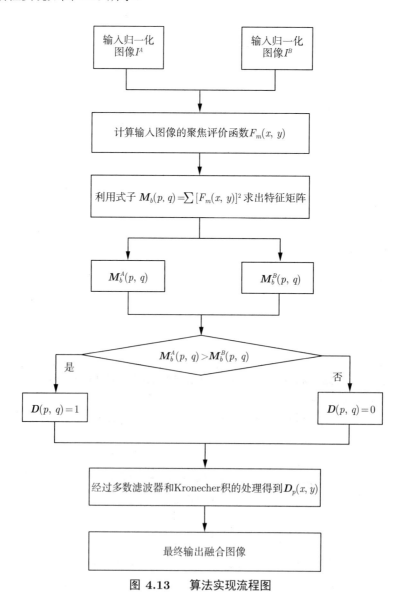

图 4.13   算法实现流程图

4.5　实验与结果

本章通过实验与最新算法和经典算法做对比，展示了本文提出的基于相位一致性的多聚焦图像融合算法的先进性，同时也从主观和客观上分析了新提出算法的优越性。

4.5.1　图像质量评价方法

多聚焦图像融合就是利用某种算法将两幅图像合成为一幅聚焦的图像。为了评价通过不同算法实现的融合图像的质量，需要利用图像质量评价标准。评价方法在目前主要分为两大类：主观评价方法和客观评价方法。

1. 主观评价

主观评价方法即目视的评估方法，主要依靠人的眼睛对融合图像的效果进行评价[143]。在实际操作中一般会找一些测试者，让他们对不同算法得到的融合图像中特定的目标进行辨认，最终根据测试者的主观感觉和统计结果来确定融合结果的好坏。为了保证主观评价的合理性，观察者人数应大于或等于 20 人。主观评价方法简单并且很容易实施，符合人眼视觉特性，这是它的优点。但是它的缺点也很突出：一方面，它受测试者当时的情绪和心情影响，不同测试者可能对同一幅图像做出不同评价；另一方面，观测环境也会给主观评价带来影响。虽然根据人眼视觉特性得出来的图像质量主观评价是最准确的，但是它实现起来比较烦琐和耗时。

2. 客观评价

图像融合的客观评价方法就是根据原始输入图像和融合图像（或者是参考图像和融合图像），利用确定的评价参数来评价最终融合图像质量的好坏。主要的客观评价标准为边缘信息保留的归一化加权评价值 $Q_p^{AB|F}$ [144]、结构相似度 $Q_W^{AB|F}$、相位一致性评价函数 Q_p 和峰值信噪比 PSNR。

（1）边缘信息保留的归一化加权评价值。

假设输入的原始图像为 A 和 B，融合图像为 F，图像大小都为 $M \times N$。利用 Sobel 边缘算子来计算每一个像素 (m,n) 的边缘强度 $g(m,n)$ 和方向信息 $\alpha(m,n)$。以图像 A 为例：

$$g_A(m,n) = \sqrt{s_A^x(m,n)^2 + s_A^y(m,n)^2} \tag{4.38}$$

$$\alpha_A(m,n) = \arctan\left(\frac{s_A^x(m,n)}{s_A^y(m,n)}\right) \tag{4.39}$$

其中，$s_A^x(m,n)$ 和 $s_A^y(m,n)$ 分别表示图 A 中 (m,n) 处水平与垂直方向的边缘方向梯度。

那么，输入图像 A 对于融合图像 F 的相对边缘强度 $G^{AF}(m,n)$ 和方向值 $A^{AF}(m,n)$

可以表示为

$$G^{AF}(m,n) = \begin{cases} \dfrac{g_F(m,n)}{g_A(m,n)}, & g_A(m,n) > g_F(m,n) \\ \dfrac{g_A(m,n)}{g_F(m,n)}, & \text{其他} \end{cases} \tag{4.40}$$

$$A^{AF} = 1 - \frac{|\alpha_A(m,n) - \alpha_F(m,n)|}{(\pi/2)} \tag{4.41}$$

通过式 (4.40) 和 (4.41) 可以用来导出融合图像 F 相对于原始图像 A 的边缘强度和方向的保留值，分别是 $Q_g^{AF}(m,n)$ 和 $Q_\alpha^{AF}(m,n)$：

$$Q_g^{AF}(m,n) = \frac{\Gamma_g}{1 + e^{k_g(G^{AF}(m,n) - \sigma_g)}} \tag{4.42}$$

$$Q_\alpha^{AF}(m,n) = \frac{\Gamma_\alpha}{1 + e^{k_\alpha(A^{AF}(m,n) - \sigma_\alpha)}} \tag{4.43}$$

由此边缘信息保留度可以定义为

$$Q^{AF}(m,n) = Q_g^{AF}(m,n)Q_\alpha^{AF}(m,n) \tag{4.44}$$

由以上定义式可知 $Q^{AF} \in [0,1]$，如果 $Q^{AF}(m,n)$ 等于 0，则表明完全丧失了边缘信息，如果 $Q^{AF}(m,n)$ 等于 1，则表明从原始图像 A 到融合图像 F 融合过程中没有边缘信息丢失。也就是说 Q^{AF} 越大，表明融合图像 F 从源图 A 中获取的边缘信息越多，丢失越少。

同理，也可以计算出原始图像 B 到融合图像 F 融合过程的边缘信息保留度 $Q^{BF}(m,n)$。

根据 $Q^{AF}(m,n)$ 和 $Q^{BF}(m,n)$ 可以计算出边缘信息保留的归一化加权评价值 $Q_p^{AB|F}$ 为

$$Q_p^{AB|F} = \frac{\displaystyle\sum_{m=1}^{M}\sum_{n=1}^{N} Q^{AF}(m,n)\omega^A(m,n) + Q^{BF}(m,n)\omega^B(m,n)}{\displaystyle\sum_{i=1}^{M}\sum_{j=1}^{N}(\omega^A(i,j) + \omega^B(i,j))} \tag{4.45}$$

其中，

$$\omega^A(m,n) = [g_A(m,n)]^L \tag{4.46}$$

$$\omega^B(m,n) = [g_B(m,n)]^L \tag{4.47}$$

式中，L 为常数，可取为 1[144]。边缘信息保留度 $Q^{AF}(n,m)$ 与 $Q^{BF}(n,m)$ 分别被 $w^A(n,m)$ 与 $w^B(n,m)$ 所加权，由上述定义可知边缘强度较大点对 $Q_p^{AB|F}$ 的影响比边缘强度较小点对 $Q_p^{AB|F}$ 的影响要大，因此 $Q_p^{AB|F}$ 的定义反映了对边缘强度信息的提取，$Q_p^{AB|F}$ 的值越大，说明融合时对边缘信息提取得越好，图像融合质量也越高。

（2）结构相似度。

结构相似度用来度量两幅图像结构上的相似程度，假定其中一幅是标准图像，用其作为参考图像来度量另外一幅图像的畸变程度。计算得出的数值范围是 (0, 1]，当结果越接

近 1，表明两幅图像越接近。原始图像 x 和待测试图像 y 相对应区域的结构相似性可以定义为[145]

$$\mathrm{SSIM}(x,y|w) = \frac{(2\bar{w}_x\bar{w}_y + C_1)(2\sigma_{w_x}\sigma_{w_y} + C_2)}{(\bar{w}_x^2 + \bar{w}_y^2 + C_1)(\sigma_{w_x}^2 + \sigma_{w_y}^2 + C_2)} \tag{4.48}$$

式中，C_1 和 C_2 都是很小的常数，定义 w_x、w_y 为滑动窗口，$\bar{w}_x$、$\bar{w}_y$ 是 w_x、w_y 的均值，$\sigma_{w_x}^2$、$\sigma_{w_y}^2$ 是 w_x、w_y 的方差。

为了评价融合之后的图像 F 与输入的原始图像 A 和 B 之间的结构相似度，根据结构相似性的定义可以得到 $Q_w^{AB|F}$ 为

$$Q_w^{AB|F} = \begin{cases} \lambda(w)\mathrm{SSIM}(A,F|w) + (1 - \lambda(w)\mathrm{SSIM}(B,F|w)) \\ \mathrm{SSIM}(A,B|w) \geqslant 0.75 \\ \max\{\mathrm{SSIM}(A,F|w), \mathrm{SSIM}(B,F|w)\} \\ \mathrm{SSIM}(A,B|w) < 0.75 \end{cases} \tag{4.49}$$

式中，$\lambda(w)$ 为局部权重，可以通过 w_A 和 w_B 的方差 $s(A|w)$ 和 $s(B|w)$ 来进行计算：

$$\lambda(w) = \frac{s(A|w)}{s(A|w) + s(B|w)} \tag{4.50}$$

最后可以得到整幅图像的结构相似性为

$$Q^{AB|F} = \frac{1}{|W|}\sum_{w \in W} Q_w^{AB|F} \tag{4.51}$$

式中，W 是所有滑动窗口的集合。

（3）相位一致性。

基于相位一致性的评价标准 Q_p 在实际中是通过对相位一致性测量和它的主分量进行比较来实现的[146]。

$$Q_p = (P_p)^{\alpha}(P_M)^{\beta}(P_m)^{\gamma} \tag{4.52}$$

式中，P_p，P_M 和 P_m 可以定义为 C_{xy}^k 的最大值：

$$P_p = \max(C_{1f}^p, C_{2f}^p, C_{mf}^p) \tag{4.53}$$

$$P_M = \max(C_{1f}^M, C_{2f}^M, C_{mf}^M) \tag{4.54}$$

$$P_m = \max(C_{1f}^m, C_{2f}^m, C_{mf}^m) \tag{4.55}$$

C_{xy}^k 代表两个集合 x 和 y 之间的相关系数。所以，C_{xy}^k 可以表示为

$$C_{xy}^k = \frac{\sigma_{xy}^k + C_k}{\sigma_x^k \sigma_y^k + C_k} \tag{4.56}$$

其中，样本 $\{k|p, M, m\}$ 代表的是相位谱和它的主分量。下标 1，2，m 和 f 对应的是两个输入图像，它们的最大选择谱和来自于融合结果的图像。指数参量 α，β 和 γ 可以根据三个分量进行调整。C_k 是一个很小的常数，取值为 $0.0001^{[146]}$。最终的结果是假设图像中有 K 个块，则

$$Q_p = \frac{1}{K} \sum_{k=1}^{K} Q_p(k) \tag{4.57}$$

Q_p 可以测量输入图像中的特征占融合图像的多少，所以它的值越大代表融合图像从输入图像中继承的特征越多。

（4）峰值信噪比。

假设图像融合后的融合结果图像为 F，参考图像为 I，大小都为 $M \times N$。根据峰值信噪比的计算公式：

$$\mathrm{PSNR} = 10 \lg \frac{L^2}{\mathrm{RMSE}^2} \tag{4.58}$$

式中，RMSE 是均方根误差，其定义为

$$\mathrm{RMSE} = \sqrt{\frac{\sum_{i=1}^{M} \sum_{j=1}^{N} [I(i,j) - F(i,j)]^2}{MN}} \tag{4.59}$$

通常在 8bit 量化的灰度图像中，$L = 2^8 - 1 = 255$，所以峰值信噪比的公式通常为

$$\mathrm{PSNR} = 10 \lg \frac{255^2}{\mathrm{RMSE}^2} \tag{4.60}$$

均方根误差越小，则峰值信噪比越大，说明融合图像与理想图像越接近，融合效果越好。

4.5.2　图像融合方法介绍

1. 基于比率低通金字塔的图像融合方法（LAP）

近年来，多分辨率分析在变换域融合技术中是一个广泛采用的方法。在这一类算法中，基本的做法就是对每一幅输入图像进行多分辨率分解，然后按照一定的融合规则对塔的每一层数据进行融合，从而得到一个合成的塔式结构，最后通过逆分辨率变换得到融合图像。各种各样的变换方法已出现在许多文献中，包括拉普拉斯金字塔[147]、梯度金字塔[67] 和比率低通金字塔[20,68]。

假设数组 G_0 是原始图像，那么这个数组就成为了塔形结构的底层或者是 0 层。利用高斯权重函数对一个图像进行卷积，就相当于对这个图像进行低通滤波。高斯金字塔结构产生一个低通滤波的集合，这个集合复制了输入图像，每一个都有一个低于前者一倍频程的带限。从前者产生每一幅图像的过程叫做 REDUCE 操作，这是因为样本密度和分辨率

都会减少。因此，对于 $1 \leqslant l \leqslant N$，其中 N 是金字塔顶层的索引（指数），金字塔的第 l 级图像的每一个元素值都可以利用一个 5×5 的窗口函数对 $l-1$ 级图像进行加权平均得到：

$$G_l = \text{REDUCE}[G_{l-1}] \tag{4.61}$$

式中，

$$G_l(i,j) = \sum_{m=-2}^{2} \sum_{n=-2}^{2} w(m,n) G_{l-1}(2i+m, 2j+n) \tag{4.62}$$

式中，权重函数 $w(m,n)$ 是可以分解的：$w(m,n) = w'(m)w'(n)$，在这里 $w'(0) = a$，$w'(1) = w'(-1) = 0.5$，$w'(2) = w'(-2) = a/2$。a 的典型值是 0.4。

基于局部亮度对比度的图像分解机制是在高斯金字塔的的连续层来计算比率低通图像的。由于这些层与样本密度不同，所以在低频率图像划分为高频率图像之前，在它的给定值之间插入新的值是很有必要的。插值操作可以通过定义 EXPAND 来实现，EXPAND 操作可被看作是 REDUCE 操作的逆操作。假设 $G_{e,k}$ 是图像对 G_e 采用 k 次 EXPAND 操作，用公式表示为

$$G_{l,0} = G_l \tag{4.63}$$

$$G_{l,k} = \text{EXPAND}[G_{l,k-1}] \tag{4.64}$$

式中，

$$G_{l,k}(i,j) = 4 \sum_{m=-2}^{2} \sum_{n=-2}^{2} w(m,n) G_{l,k-1}\left(\frac{i+m}{2}, \frac{j+n}{2}\right) \tag{4.65}$$

那么，比率图像的序列 R_i 可以定义为

$$R_i = \frac{G_i}{\text{EXPAND}[G_{i+1}]}, \quad 0 \leqslant i \leqslant N-1 \tag{4.66}$$

$$R_N = G_N \tag{4.67}$$

式中，每一层图像 R_i 都是高斯金字塔中两个连续层的一个比率。光照对比度可以定义为

$$C = \frac{(L - L_{\mathrm{b}})}{L_{\mathrm{b}}} = \left(\frac{L}{L_{\mathrm{b}} - I}\right) \tag{4.68}$$

式中，L 表示在图像平面的一个确定位置的亮度，L_{b} 代表的是局部背景的亮度，对所有的坐标 (i,j)，$I(i,j)$ 都为 1。当 C_i 定义为

$$C_i = \frac{G_i}{\text{EXPAND}[G_{i+1}]} - I \tag{4.69}$$

可以得到，

$$R_i = C_i + I \tag{4.70}$$

由此，序列 R_i 为比率低通金字塔。

比率低通金字塔是原始图像的一种完全表示，所以原始图像 G_0 可以通过构造比率低通滤波器的逆变换来得到：

$$G_N = R_N \tag{4.71}$$

$$G_i = R_i \mathrm{EXPAND}[G_{i+1}], \quad 0 \leqslant i \leqslant N - 1 \tag{4.72}$$

比率低通滤波器的这种特性可以用于图像融合中。

Toet 等提出了通过低通比率金字塔的图像融合方法，将图像融合规则分为以下 3 个步骤[20,68]。

（1）对每一幅源图像分别进行对比度塔形分解，建立各自图像的对比度金字塔；

（2）对图像金字塔的各分解层分别进行融合处理，最终得到融合后图像的对比度金字塔；

（3）对融合后所得到的对比度金字塔进行逆塔形变换（图像重构），所得到的重构图像即为融合图像。

针对于步骤（2），对图像金字塔的各个分解层进行处理时，需要遵循一定的选择规则从分解层中选择合适的值。选取规则可以根据具体的实际应用 l 单个节点的值或者是置信估计。假设以两个输入图像 A 和 B 为例，C 是单层的输出图像，利用最大绝对对比度作为选取规则，那么对于 l 级的融合图像可以表示为

$$RC_l(i,j) = \begin{cases} RA_l(i,j), & |RA_l(i,j) - 1| > |RB_l(i,j) - 1| \\ RB_l(i,j), & \text{其他} \end{cases} \tag{4.73}$$

基于比率低通金字塔的图像融合原理图如图 4.14 所示，其中 ROLPD 表示比率低通金字塔分解，IPT 表示塔形逆变换。由原理图我们可以看出，对每一层的融合规则，可以根据具体的应用采用相同的融合规则或者不同的融合规则。

为了说明利用比率低通金字塔的融合方法，利用大小为 512×384 像素的 book 和 flower 两组图片进行了图像融合的实验。图 4.15（a）中后面的书聚焦，前面的书模糊；图 4.15（b）中前面的书聚焦，后面的书模糊；图 4.15（c）是通过此方法进行融合的结果，可以看出融合图像前后两本书都聚焦，比较清晰。同样对图片 flower 进行的实验如图 4.16 所示，可以看到图 4.16（a）中玫瑰花是聚焦的，而墙和盆景是模糊的；图 4.16（b）中墙和盆景是聚焦的，而玫瑰花是模糊的；融合结果图 4.16（c）中玫瑰花、墙和盆景都是聚焦的。通过两组实验可以看出利用比率低通金字塔做图像融合能够取得良好的融合结果。

基于低通比率金字塔的图像融合主要是根据局部亮度对比度信息来确定融合要素的，由于人眼的视觉系统对于图像的对比度变化非常敏感，所以，此种融合方法可以通过提高被融合图像的对比度信息来达到好的视觉效果。因此，利用比率低通金字塔进行图像融合能够很好地适合人眼视觉特性[148]。

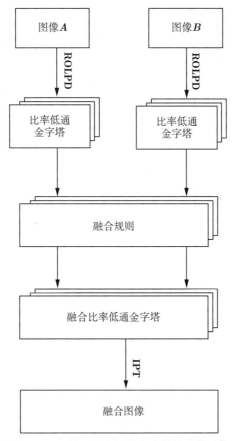

图 4.14　基于比率低通金字塔的图像融合

（a）原始图像 A

（b）原始图像 B

（c）融合结果图

图 4.15　基于比率低通金字塔的多聚焦图像融合（1）

（a）原始图像 A

（b）原始图像 B

（c）融合结果图

图 4.16　基于比率低通金字塔的多聚焦图像融合（2）

2. 基于平移不变性小波变换的图像融合

离散的小波变换（DWT）与传统的金字塔变换相比具有优势。离散小波变换具有时频联合分析的特性，并且能较好地表示图像中的重要信息，所以在图像融合处理中该变换得到较好的应用。但是，由于在离散小波变换过程中进行了下采样，所以离散小波变换不具有平移不变性的特性，将影响融合的结果并且造成不利的结果。

为了克服离散小波变换不具有平移不变性的缺陷，Rockinger 提出了一种平移不变性小波变换，并将这种变换应用到图像融合中。为了简便起见，这里利用一维信号来解释这种平移不变性变换：每一层的平移不变性小波变换中的输入序列分裂成小波序列并且存储在 $w_i(n)$ 中，尺度序列 $s_i(n)$ 充当为下一层分解的输入：

$$w_i(n) = \sum_i g(2^i \cdot k) \cdot s_i(n - k) \tag{4.74}$$

$$s_{i+1}(n) = \sum_i h(2^i \cdot k) \cdot s_i(n - k) \tag{4.75}$$

上式中的分解滤波器 $g(2^i \cdot k)$ 和 $h(2^i \cdot k)$ 是通过在标准的滤波器 $g(k)$ 和 $h(k)$ 之间的滤波抽头插入合适个数的 0 来获得的，另外第 0 层的尺度序列设置为与输入序列相等 $s_0(n) = f(n)$，这样就定义了一维序列的平移不变性小波变换分解方案。与标准的离散小波变换分解方案（decomposition scheme）相比，取消了下采样，结果是一个高度冗余的小波表示。

对输入序列的重建是通过逆平移不变性小波变换来实现的，这种逆变换可被看作由平移不变性小波序列和尺度序列分别与合适的重建滤波器 $\tilde{g}(2^i \cdot k)$ 和 $\tilde{h}(2^i \cdot k)$ 卷积得来的：

$$s_i(n) = \sum_k \tilde{h}(2^i \cdot (n - k)) \cdot s_{i+1}(n) + \sum_k \tilde{g}(2^i \cdot (n - k)) \cdot w_{i+1}(n) \tag{4.76}$$

对于二维图像扩展的分解方案可以根据一般的张量积公式来获得。

基于平移不变性小波变换的图像融合与基于传统小波变换的图像融合的实际操作过程是相似的：第一，输入图像都被分解为它们的平移不变性小波表示；第二，通过一个合适的选择机制来复合平移不变性小波变换的表示。

3. 基于抠图的动态场景的多聚焦图像融合

传统的多聚焦图像融合针对从静态场景中采集的原始图像可以产生满意的融合结果。但是，很少有研究者研究在动态场景中的多聚焦图像融合的方法，这些动态场景包括摄像机的移动或者是物体的移动。在动态场景中，多个原始图像在同一位置的内容可能是不同的。在这些位置，变换域的融合方法仅仅简单地融合那些代表显著性特征的系数来产生融合图像，这种融合过程没有考虑可能来自于不同内容的特征。所以，这些方法的融合图像中会出现伪影，这是由于图像内容的不一致造成的。对于大多数空间域的方法，一般通过图像方差、图像梯度和空间频率来估计聚焦信息，决定聚焦像素和聚焦区域。然而，在动态场景中，单独利用聚焦信息很难正确地判断一个像素或者是一个区域是否是模糊的，这是因为在不同的原始图像中同一位置的一个像素或者一个区域由于摄影机的移动或者是物体的运动可能会包含不同的内容。

Li 等提出一种基于抠图的动态场景的多聚焦图像融合[47]。抠图是一种非常重要的技术，用来准确地从背景中区分前景，已经广泛地应用到许多场景中，例如，在视频应用中准确地获得聚焦物体。正是因为抠图的这些优点，李树涛等才将这种技术应用于图像融合中。在抠图模型中，所观察的图像 $I(x,y)$ 可以被看作前景 $F(x,y)$ 和背景 $B(x,y)$ 的组合：

$$I(x,y) = \alpha(x,y)F(x,y) + (1 - \alpha(x,y))B(x,y) \tag{4.77}$$

融合的过程可以分为以下几个方面：首先，对每一幅原始图像进行形态学滤波以便评价聚焦；然后，聚焦信息被转到抠图来正确地找出聚焦物体；最后，将获得的来自于不同原始图像的聚焦物体融合在一起构造出融合图像。通过抠图将多聚焦图像中的聚焦信息和周围的像素组合在一起。

4. 基于向导滤波器的图像融合

He 等最早提出了向导滤波器（Guided Image Filter，GIF）[149]。向导滤波器来源于一个局部线性模型，滤波器的输出是通过考虑一个向导图像内容来计算的，向导图像可以是输入图像本身或者是其他不同的图像。向导滤波器可以像双边滤波器一样用于保边平滑，并且向导滤波器在边缘具有更好的变现。除了平滑向导滤波器，另外一个概念是：向导滤波器可以把向导图像的结构转移到滤波输出，这将会产生新的滤波器应用，例如去雾和向导羽化。另外，向导滤波器可以自然地产生一个快速的、非近似的线性时间算法，不管内核大小和强度范围。所以目前来说，向导滤波器是一个最快的保边滤波器。

从理论上来说，向导滤波器可以假设为向导图像 I 在一个以像素 k 为中心的局部窗口 w_k 的线性变换滤波输出。

$$O_i = a_k I_i + b_k, \quad \forall\, i \in w_k \tag{4.78}$$

式中，w_k 是一个大小为 $(2r+1) \times (2r+1)$ 的方窗。在窗 w_k 中线性系数 a_k 和 b_k 是常数，并且这两个常数可以根据输出图像 O 和输入图像 P 之间的最小方差来进行估计。

$$E(a_k, b_k) = \sum_{i \in w_k} ((a_k I_i + b_k - P_i)^2 + \varepsilon a_k^2) \tag{4.79}$$

式中，ε 是由使用者给出的一个正则化参数。系数 a_k 和 b_k 可以通过以下的线性回归直接得到。

$$a_k = \frac{\dfrac{1}{|w|} \sum\limits_{i \in w_k} I_i P_i - \mu_k \bar{P}_k}{\delta_k + \varepsilon} \tag{4.80}$$

$$b_k = \bar{P}_k - a_k \mu_k \tag{4.81}$$

式中，μ_k 和 δ_k 分别是向导图像 I 的均值和方差，$|w|$ 是窗口 w_k 中的像素数，$\bar{P}_k$ 是输入图像 P 在窗口 w_k 中的均值。

一个像素 i 包含以 k 为中心的窗口 w_k 所有覆盖的像素，所以当通过式 (4.78) 计算向导滤波输出的时候，在不同的窗口 w_k 计算向导滤波的输出可能会不同。为了解决这个问题，对所有的系数 a_k 和 b_k 的可能值进行平均。然后，向导滤波器的输出可以估计为

$$O_i = \bar{a}_i I_i + \bar{b}_i \tag{4.82}$$

式中，$\bar{a}_i = \dfrac{1}{|w|} \sum_{i \in w_k} a_k$，$\bar{b}_i = \dfrac{1}{|w|} \sum_{i \in w_k} b_k$。

基于向导滤波器图像融合方法是基于图像的二尺度分解来实现的，图像的二尺度分解包含密度大尺度变化的基础层以及提取一些小尺度细节的细节层。基于向导滤波器的图像融合方法大概分为以下两个步骤：① 原始输入图像经过一个均值滤波来获得二尺度表示；② 利用向导滤波器对基础层和细节层进行融合。

5. 基于多尺度的权重梯度的多聚焦图像融合

为了更好地将来自不同图像的聚焦对象融合在一起，出现了各种各样的聚焦评价方法来识别和提取聚焦区域用于多聚焦图像融合。一个比较有效的变换是将图像分成小的归一化的块并且选择高对比度的块来产生融合的图像。但是，这些方法可能在各向异性模糊和错误匹配的情况下产生其他的问题。其中一个问题是由于各向异性模糊产生的，图像的离焦部分可能包含大量的小区域，这些小区域比一些聚焦图像边缘相对更清晰，容易被错误地选择并且融合为最终的融合图像。另外一个问题是由错误匹配产生的，因为在这种情况下，如果其他图像相对应的区域是平坦的，那么离焦的物体可能也会变得部分清晰。各向异性模糊和错误匹配存在的条件下，基于分块的融合聚焦评价函数的有效性与分块的尺寸大小十分相关。一个单一的尺寸不能正确地将所有聚焦区域和离焦区域分辨出来，特别是当错误匹配出现的时候。需要注意的是，错误匹配常常因为物体或者是摄像机的移动变得更加糟糕，因此正确地识别聚焦区域变得更难。

为了解决以上由于各向异性模糊和错误匹配所产生的问题，周等提出了一种新颖的基于多尺度加权梯度的多聚焦图像融合方法[150]。首先，一幅图像的结构清晰度反应了局部边缘的清晰度，根据这样的清晰度评价方法，一个改进的基于加权梯度的融合方法被提出来了。其次，一个基于多尺度结构的聚焦评价方法被提出来，用来决定所提到的，在各向异性模糊或者存在的条件下一个新颖多尺度方法的梯度权重。基本方法是，各向异性模糊和错误匹配的影响可以在大尺度下衰减，在小尺度的情况下聚焦区域的边缘可以大致决定下来。实验证明，由传统的基于梯度的融合方法所产生的过度伪影可以通过周等所提出的方法成功避免。

4.5.3　各种图像融合算法结果比较

本文提出的基于相位一致性的图像融合方法和其他五种图像融合方法作比较，这五种方法分别是：基于对比度拉普拉斯金字塔的图像融合方法[68]、平移不变小波变换的图像融合方法[28]、图像抠图技术[47]的多聚焦图像融合、向导图像滤波的图像融合方法[151]和多尺度加权梯度的多聚焦图像融合[150]。

1. 客观评价

多聚焦的原始输入图像（如图 4.17 所示）和它们的融合结果在图 4.18、图 4.19、图 4.20 和图 4.21 中展现出来。除了利用 $Q_p^{ab|f}$ 作为评价标准，还利用基于相似性的 $Q_w^{ab|f}$ 和基于相位的 Q_p 的评价方法来评价融合的结果。融合图像的定量标准如表 4.1 所示，可以清晰地看出本文提出的相位一致性方法获得了高的 $Q_p^{ab|f}$ 和 $Q_w^{ab|f}$ 值。对于评价标准 Q_p，除了"disk"图片的融合结果中 MWG 算法获得了较高的值，其他的融合结果中相位一致性算法仍然获得了较高值。表 4.2 中给出了各种算法融合结果的 PSNR，从表中可以看出本文提出的算法和 MWG 算法在四组图片融合结果中的 PSNR 值是最大的。

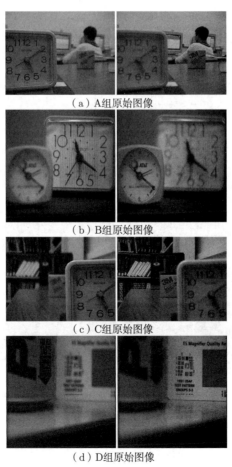

（a）A组原始图像

（b）B组原始图像

（c）C组原始图像

（d）D组原始图像

图 4.17　输入的原始图像

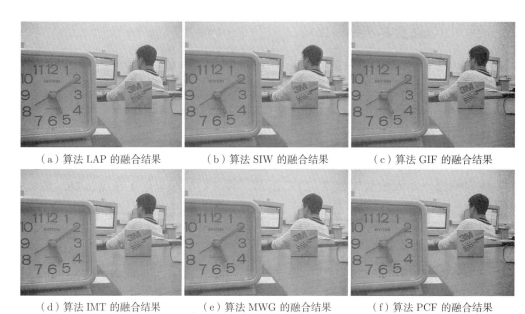

（a）算法 LAP 的融合结果　　　　（b）算法 SIW 的融合结果　　　　（c）算法 GIF 的融合结果

（d）算法 IMT 的融合结果　　　　（e）算法 MWG 的融合结果　　　　（f）算法 PCF 的融合结果

图 4.18　　不同算法获得的 A 组原始图像融合结果

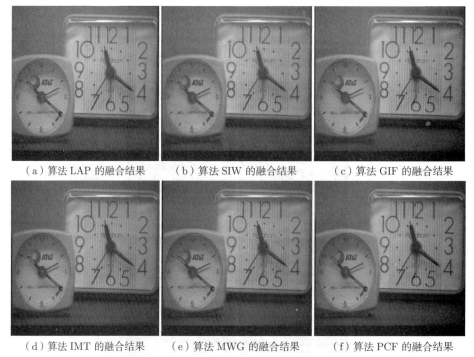

（a）算法 LAP 的融合结果　　　　（b）算法 SIW 的融合结果　　　　（c）算法 GIF 的融合结果

（d）算法 IMT 的融合结果　　　　（e）算法 MWG 的融合结果　　　　（f）算法 PCF 的融合结果

图 4.19　　不同算法获得的 B 组原始图像融合结果

　　最后为了比较各种算法的复杂度，计算了不同算法的运行时间，实验结果是在配置为 Intel(R) Xeon(R) E5-2630 v2@2.6Hz 8GB 的处理器上进行的。因为图像 lab 和 disk 拥有相同的分辨率 640×480 像素，图像 clock 和 pepsi 都是 512×512 像素，相同分辨率图像的运行时间应该是相同的。从表 4.3 中可以看到，本文提出的算法 PCF 虽然没有算法 LAP、SIW 和 GIF 效率高，但是它们具有相同的数量级，并且运行时间要比算法 IMT 和 MWG 短。这是由于 MWG 算法是基于多分辨率分析的，并且该方法还包含了计算特征值的过程，所以计算复杂度比较高。

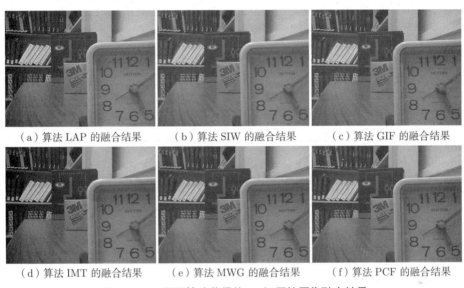

（a）算法 LAP 的融合结果　　　　（b）算法 SIW 的融合结果　　　　（c）算法 GIF 的融合结果

（d）算法 IMT 的融合结果　　　　（e）算法 MWG 的融合结果　　　　（f）算法 PCF 的融合结果

图 4.20　　不同算法获得的 C 组原始图像融合结果

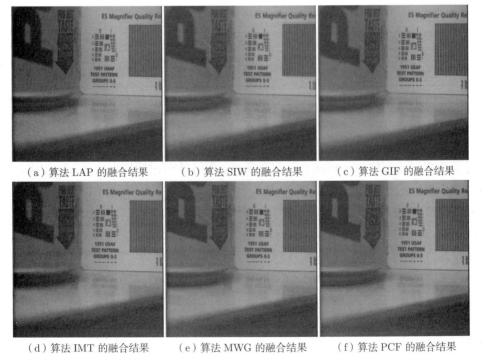

（a）算法 LAP 的融合结果　　　　（b）算法 SIW 的融合结果　　　　（c）算法 GIF 的融合结果

（d）算法 IMT 的融合结果　　　　（e）算法 MWG 的融合结果　　　　（f）算法 PCF 的融合结果

图 4.21　　不同算法获得的 D 组原始图像融合结果

表 4.1　各种算法融合结果的定量标准数值比较

图像	评价标准	定量标准数值					
		LAP	SIW	GIF	IMT	MWG	PCF
lab	$Q_p^{ab\|f}$	0.7116	0.6829	0.7134	0.7125	0.7119	0.7190
	$Q_w^{ab\|f}$	0.9364	0.9163	0.9417	0.9366	0.9877	0.9951
	Q_p	0.9311	0.8830	0.9359	0.9382	0.9575	0.9616
clock	$Q_p^{ab\|f}$	0.7116	0.6965	0.7115	0.7087	0.7019	0.7140
	$Q_w^{ab\|f}$	0.9490	0.8853	0.9258	0.9695	0.9515	0.9868
	Q_p	0.9320	0.8809	0.9276	0.9524	0.9473	0.9565
disk	$Q_p^{ab\|f}$	0.7035	0.6845	0.7054	0.7021	0.7064	0.7064
	$Q_w^{ab\|f}$	0.9453	0.9126	0.9405	0.9729	0.9805	0.9895
	Q_p	0.9286	0.8812	0.9348	0.9260	0.9521	0.9437
pepsi	$Q_p^{ab\|f}$	0.7780	0.7604	0.7866	0.7766	0.7819	0.7883
	$Q_w^{ab\|f}$	0.9506	0.9393	0.9555	0.9336	0.9577	0.9642
	Q_p	0.9700	0.9380	0.9604	0.9547	0.9745	0.9834

表 4.2　各种算法融合结果的 PNSR 值比较

图像	PNSR/dB					
	LAP	SIW	GIF	IMT	MWG	PCF
pepsi	39.35	32.93	45.90	∞	∞	∞
clock	48.71	34.18	43.26	60.82	∞	∞
disk	34.38	31.35	47.54	∞	∞	∞
lab	30.21	36.86	34.19	80.35	∞	∞

表 4.3　各种算法的运行时间

图像	运行时间/s					
	LAP	SIW	GIF	IMT	MWG	PCF
lab	0.9024	1.266	0.4860	10.45	54.75	1.693
clock	0.7608	1.164	0.4278	20.44	51.46	1.426
disk	0.9191	1.279	0.5555	11.59	55.07	1.743
pepsi	0.8224	1.213	0.3825	19.93	48.09	1.425

2. 主观评价

　　为了更容易地观察出这些融合结果的不同，本节裁剪出图像 lab、clock、disk 和 pepsi 中不同融合算法的相同聚焦参考部分，来展示融合结果和图像在此区域的不同绝对值。因为在 LAP、SIW 和 GIF 这些算法中有高通滤波过程，它们的融合结果存在振铃效应，所以在图 4.17（a）中的人头部周围都有模糊，而且这种模糊在图 4.22（a）、图 4.22（b）和图 4.22（c）中可以很容易看到。相似的伪影也在其他图像（clock、disk 和 pepsi）的结果中产生。大钟表的左上角在 LAD、SIW 和 GIF 算法中没有融合好，如图 4.23（g）、图 4.23（h）和图 4.23（i）所示。在图 4.20（a）、图 4.20（b）和图 4.20（c）中，书架上的书因为振铃效应变得模糊，这些扭曲在图 4.24（g）、图 4.24（h）和图 4.24（i）中已经被证实。在图 4.21（a）、图 4.21（b）和图 4.21（c）中右上角的字"ES Magnifier Quality"有点阴影，并且在 SIW 算法中更加严重，不仅字上有阴影而且字的下面也有阴影。在融合算法 LAP、SIW 和 GIF 的融合结果中字的周围也存在阴影，如图 4.25（g）、图 4.25（h）和图 4.25（i）所示。

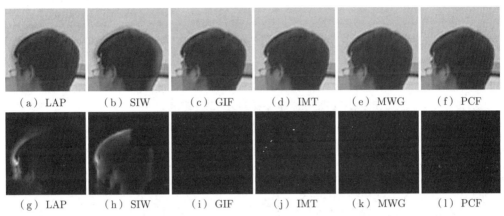

图 **4.22**　　图像 lab 裁剪部分的融合结果以及融合结果和聚焦的参考图像部分之间差的绝对值

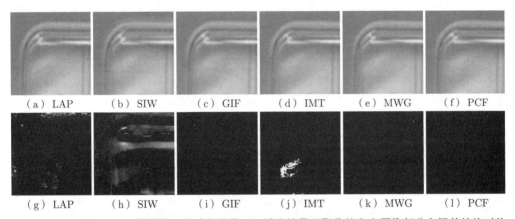

图 **4.23**　　图像 clock 裁剪部分的融合结果以及融合结果和聚焦的参考图像部分之间差的绝对值

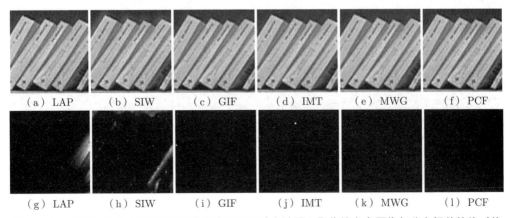

图 **4.24**　　图像 disk 裁剪部分的融合结果以及融合结果和聚焦的参考图像部分之间差的绝对值

从图 4.26 中可以看出，在融合算法 IMT 的融合结果中有一些扭曲的边缘，这些退化可能是在 IMT 融合机制中的形态学滤波器过程中产生的。虽然 IMT 的结果中没有振铃效应，但是一些退化在图 4.22（j）和图 4.23（j）中显示出来。从图 4.18、图 4.19、图 4.20 和图 4.21 可以看出，融合算法 MWG 和 PCF 与其他融合算法相比有更好的视觉效果，并且它们的融合结果很好地保持了来自输入图像的细节而没有产生可以看见的退化。这就意味着本文提出的融合算法 PCF 获得了最先进的融合结果。因此，通过视觉比较，融合算法 MWG 和融合算法 PCF 的融合结果要好于其他算法，这个事实通过定量标准在表 4.1 和表 4.2 被证实。因此客观量化标准与主观量化标准是一致的。

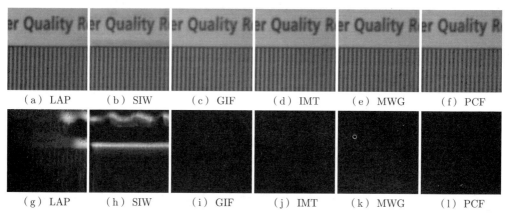

（a）LAP　　（b）SIW　　（c）GIF　　（d）IMT　　（e）MWG　　（f）PCF

（g）LAP　　（h）SIW　　（i）GIF　　（j）IMT　　（k）MWG　　（l）PCF

图 4.25　　图像 pepsi 裁剪部分的融合结果以及融合结果和聚焦的参考图像部分之间差的绝对值

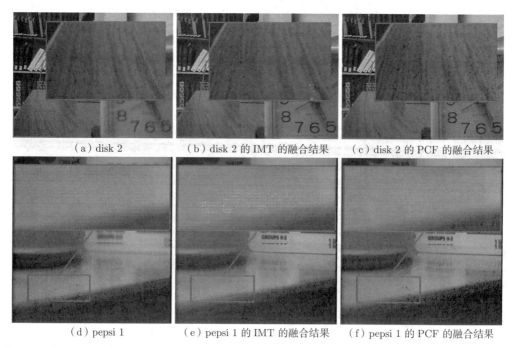

（a）disk 2　　　　（b）disk 2 的 IMT 的融合结果　　　　（c）disk 2 的 PCF 的融合结果

（d）pepsi 1　　　　（e）pepsi 1 的 IMT 的融合结果　　　　（f）pepsi 1 的 PCF 的融合结果

图 4.26　　输入图像的聚焦区域以及算法 IMT 和 PCF 在相对应位置的融合结果

4.6　研究总结

　　带有高度放大的光学镜头往往会受到景深的限制，焦距和镜头的放大倍数越大，景深就会变得越小，这样造成的结果就是在图像中将有很少的物体聚焦。但是，实际情况是人们希望看到的图像中大部分物体都是聚焦的，也就是说人们希望在图像中看到更多的、更加清晰的物体。最完美的状态就是在图像中所有的物体都是聚焦的。这些原因直接导致了多聚焦图像融合技术的出现和发展。

　　多聚焦图像融合就是对同一物体，在利用同一个光学镜头且拍摄角度和拍摄条件都相同的条件下，不同聚焦点的输入图像融合为一幅所有物体都聚焦的图像。在融合过程中，输入图像中所有可视的重要信息需要没有误差地传递到融合结果图像中。

　　本文所做的主要工作和研究结论如下。

　　（1）本文首先介绍了研究图像融合的意义以及图像融合的概念，并对图像融合的应用做了详细的介绍。根据融合的层次，将图像融合分为三类并对它们做了详细的介绍。多聚焦图像融合是图像融合中的一类，详细介绍了多聚焦图像融合的概念并针对图像融合两种常见的方法：分类空间域融合和变换域融合方法进行了研究，分别总结了其优缺点。

　　（2）对数字图像处理的中变换域的分析就是将图像从空间域变换到变换域，从而从另外一个角度对图像特征进行分析并处理。常见的傅里叶变换虽然是线性系统的有力分析工具，但是不能对信号进行局部化分析。Gabor 变换可以称为短时的傅里叶变换，Gabor 小波对于图像边缘敏感，能够提供良好的方向选择和尺度选择，但是在一定条件下不能构造出任意带宽的、在偶对称滤波器中不包含 DC 分量的 Gabor 函数。log Gabor 函数从定义上看没有 DC 分量并且更加符合人眼视觉特性。

　　（3）提出了一种基于相位一致性的图像融合方法。经过研究发现局部能量最大的点与相位一致性的点重合，因此本文中利用相位一致性作为聚焦评价方法，通过仿真实验证明了相位一致性比其他几种常见的聚焦评价方法对噪声更具有鲁棒性。通过与传统的经典方法相对比以及实验研究，证明了本文提出的算法的有效性，并且从主观评价和客观评价两个方面都证明了该算法的融合效果都达到了先进的水平。

第 5 章
利用保边滤波器进行多聚焦图像融合

5.1 引言

至今为止，国内外的学者已经开发了许多 MFIF 技术 [47-53,90,97,152,153]。根据图像信息融合的域，这些技术大致分为变换域方法（多尺度融合方法）和空间域方法（单尺度融合方法）[54,97]。多尺度融合算法可以分为三个步骤：首先，计算原始图像的变换系数；其次，利用融合规则将这些系数融合为复合系数；最后，根据复合系数以及第一步中相对应的逆变换来获得融合图像。基于以上介绍的基本框架，学者已经充分探索了各种变换用于图像融合 [18,72,153-156]。

为了更好地保留原始图像的结构信息，在多尺度分解中引入了结构保持滤波器，其目的是防止平滑结构信息，同时仍然平滑纹理信息 [52,89,106,107,157]。Duan 等将双指数保边平滑滤波器应用于红外和可见光图像融合 [90]。通过双指数保边平滑滤波器对图像进行多尺度分解，可以很好地提取图像中的多尺度边缘信息，同时能够很好地抑制边缘的晕圈效应。此外，Kumar [152] 使用交叉双边滤波器（双边滤波器的一种变体）来提取细节图像，用于计算源图像的权重，然后通过加权平均融合的方式融合多传感器和多焦点图像。基于交叉双边滤波器的方法可能会在融合图像中引入梯度反转伪影。Jiang 等 [189] 使用加权最小二乘滤波器对图像进行多尺度分解，分解之后的基图像和一系列的细节图像分别采用不同的融合规则，这样使得融合之后的结果图像具有很好的边缘保持特性。由于基于加权最小二乘滤波器方法的性质，它需要一个稀疏线性系统的解决方案，就是这个需求限制了该技术的性能。Zhao 等 [158] 设计了一种基于 L0-平滑滤波器的细节保持多尺度分解算法，因为此方法取决于图像梯度，因此可能会丢失一些细节信息。Li 等 [47] 使用向导滤波器来调整权重谱，并通过权重平均规则来融合图像。因为向导滤波器的输入图像是向导图像和目标图像，所以该方法的挑战是两个输入图像之间的结构不一致 [159]。这些在变换域中基于结构保持滤波器的方法时间复杂度较高，并且原始图像的强度不能很好地融合进结果 [52]。

与变换域方法不同，空间域方法直接处理图像中的特定像素。此外，空间域方法中使用的结构保持滤波器不同于变换域中应用的 [52,160]。详细地说，前者同时处理源图像中大多数尺度的信息，即大尺度的内在结构信息和小尺度的细节信息，但后者只处理由分解层数决定的有限尺度。然而，与在变换域 MFIF 方法中高度集中应用结构保持滤波器相比 [47,89-90,152,158-159]，结构保持滤波器在空间域 MFIF 中的应用较少受到关注 [52]。

本文的目的是提出一种新的基于结构保持滤波器的空间域方法用来进行图像融合。提出的方法引入了最新的递归过滤器 [104]，它直接处理图像像素而不是多尺度分解系数，因此该方法的融合结果中可以很好地保留源图像的原始强度。此外，提出了一种新的基于平均低通滤波器的聚焦区域检测方法。该方法通过以下三个步骤检测聚焦区域。首先，通过使用平均低通滤波器比较源图像及其对应的平滑图像来获得粗略的显著区域。这是基于这样一个事实，即原始图像与其对应的平滑图像之间的强度误差在聚焦像素区域较大，而在非聚焦像素区域较小。其次，为了使焦点区域检测得更准确，对粗糙的显著区域应用平均低通滤波器进行滤波。最后，通过显著性比较确定初始权重图。

5.2　基于保边滤波器的多聚焦图像融合

本章提出的图像融合方法如图 5.1 所示，图中字母 L 表示一个快速的低通平滑滤波。首先，通过新的聚焦区域检测方法获得初始权重图谱。然后，使用递归过滤器来细化初始权重图谱以获得最终权重图谱。最后，将原始图像和最终权重图进行融合，以获得融合结果。

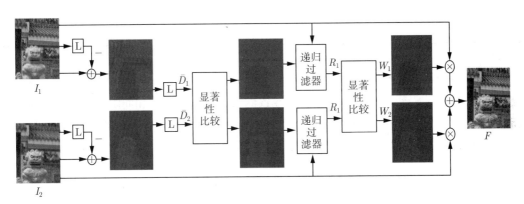

图 5.1　图像融合的框架图

（1）获得初始权重图谱。

如图 5.1 所示，首先利用平均低通平滑滤波器对两个源图像 I_1 和 I_2 进行平滑处理。

$$\bar{I}_p^m = I_p^m * L_1, \quad m = 1, 2 \tag{5.1}$$

式中，p 是像素索引，L_1 是平均低通滤波器，默认尺寸大小为 $5 \times 5\text{mm}$。

一旦获得平滑图像，即 $\bar{I}_p^m$，就可以通过将平滑图像与其对应的源图像进行比较来轻松计算预测残差图像：

$$D_p^m = |\bar{I}_p^m - I_p^m|, \quad m = 1, 2 \tag{5.2}$$

因为 D_p^m 的聚焦像素的强度绝对差值比非聚焦像素的值大，因此可以使用它们来检测图像清晰度。然后，重新应用平均低通平滑滤波器对残差图像进行滤波：

$$\bar{D}_p^m = D_p^m * L_2, \quad m = 1, 2 \tag{5.3}$$

式中，$\bar{D}_p^m$ 是 D_p^m 的平滑图像，L_2 是平均低通滤波器，默认的尺寸大小为 $7 \times 7\text{mm}$。

然后，初始的权重图谱可以利用一个显著性比较方法来获得：

$$P_p^m = \begin{cases} 1, & \bar{D}_p^m = \max[\bar{D}_p^1, \bar{D}_p^2], m = 1, 2 \\ 0, & \text{其他} \end{cases} \tag{5.4}$$

显著性比较方法可以通过算法 3 来实现。

算法 3 显著性比较

Input: the observed image I_1 and I_2.

Output: P^1

if $D^1 = \max(D^1, D^2)$ **then**

  | $P^1 = 1$

end

else

  | $P^1 = 0$

end

（2）获得最终权重图谱。

需要注意的是，初始权重图谱可能会导致同质区域出现空洞和间隙，这可能影响最终的融合效果。为了解决这个问题，利用一个实时结构保边平滑滤波器来细化 P_p^m $(m = 1, 2)$，也就是回归滤波器 (RF)[104]。RF 是利用与之相关的 I_p^m 作为参考图像在 P_p^m 上执行的

$$R_p^m = \text{RF}(P_p^m, I_p^m), \quad m = 1, 2 \tag{5.5}$$

式中，R_p^m 表示为 RF 的滤波结果，即细化权重图谱。由于 RF 细化了显著性，它可以提高权重图谱的空间一致性。

$$W_p^m = \begin{cases} 1, & R_p^m = \max[R_p^1, R_p^2], m = 1, 2 \\ 0, & \text{其他} \end{cases} \tag{5.6}$$

这个过程是显著性比较，所以也可以利用算法 3 来实现。

（3）生成融合结果。

一旦获得最终的权重图，就可以通过以下的式子来直接生成融合图像。

$$F = W_p^1 I_p^1 + W_p^2 I_p^2 \tag{5.7}$$

根据以上的介绍，本节提出的融合方法可以总结在算法 4 里面。

算法 4　　基于回归滤波器的融合算法

Input: the observed image I^1 and I^2

Output: Fused image F

Function Fusion Scheme (I^1, I^2); $\bar{I}^1 = I^1 * L_1$;

$\bar{I}^2 = I^2 * L_1$;

$D^1 = |\bar{I}^1 - I^1|$;

$D^2 = |\bar{I}^2 - I^2|$;

$\bar{D}^1 = D^1 * L_2$;

$\bar{D}^2 = D^2 * L_2$;

$D_{\max} = \max(\bar{D}^1, \bar{D}^2)$;

for $m \in \{1, 2\}$ **do**

> $P^m = Saliency\ Comparison(\bar{D}^m, D_{\max})$;
>
> $R^m = Recursive$;
>
> $Filter(P^m, I^m)$;
>
> $R_{\max} = \max(R^1, R^2)$;
>
> $W^1 = Saliency\ Comparison(R^1, R_{\max})$;
>
> $W^2 = Saliency\ Comparison(R^2, R_{\max})$;
>
> $F = W^1 I^1 + W^2 I^2$;
>
> return F

end

;

End Function;

Function SaliencyComparsion $S^1, S_{\max}$ **if** $S^1 = S_{\max}$ **then**

> $T^1 = 1$

end

else

> $T^1 = 0$

end

;

Return T^1; *End Function*;

Function RecursiveFilter (P, I)

Obtainging the R from P and I;

return R;

End Function;

5.3　实验结果

在实验中，6 对多焦点图像"disk""lab""leaf""newspaper""clock""temple"用于评估所提出方法的性能。将 s = 40 和 r = 0:2 设置为实验中的默认参数。

5.3.1 客观评价指标

为了显示 MFRF 与变换域融合方法相比的有效性，这里选变换域方法的其中一种，即基于 NSCT 的融合方法 (NSCTSR)[53]。此外还选择了一种梯度域方法，即 MFGD [161]，以此来证明所提出的空间域方法可以获得比现有方法更好的融合性能。由于 MFRF 是基于结构保边滤波器的，因此选择了三种基于结构保边滤波器的融合方法 GFF[47]、FFIF [52] 和 CBF [152] 来证明 MFRF 的有效性。对于所有这些方法，本节使用作者论文中给出的默认参数和他们提供的源代码。

5.3.2 实验结果及其分析

第一个实验是为了证明在所提出的方法中选择平均滤波器作为低通滤波器比其他低通滤波器更有效。第二个实验是为了证明所提出的方法可以获得最先进的融合算法性能。

1. 低通滤波器对比

本节选用一些常见的低通滤波器作比较，分别是均值滤波器（Average Filter, AVE）、高斯滤波器（Gaussian Filter, GAU）、中值滤波器（Median Filter, MED）和双边滤波器（Bilateral Filter, BLF），这四个低通滤波器使用与图 5.1 相同的框架和窗口大小。融合结果由评价指标 $Q_p^{ab|f}$、$Q_w^{ab|f}$、Q_{MI}、Q_{NCIE}、Q_{CB} 和 Q_{SF} 进行评估。实验结果如图 5.2 所示。从图 5.2 可以看出，利用 AVE 和 GAU 的融合结果在前 5 个指标中获得了比其他两个低通滤波器更高的指标值，同时获得了较小的 Q_{SF} 值。考虑到 AVE 是一种简单的方法，它并没有设置在 GAU 中重要的标准差参数 σ，因此选择均值滤波器更有效。

2. 融合算法对比

在本节中，将 MFRF 与 5 个先进的算法进行比较，分别是基于非下采样 contourlet 变换和稀疏表示的方法 (Nonsubsampled Contourlet Transform and Sparse Representation, NSCTSR) [53]、向导滤波器的方法 (The Guide Filter Fusion, GFF) [53]、梯度域的多聚焦图像融合方法 (Multifocus Image Fusion in Gradient Domain, MFGD)[161]、快速结构保边滤波器的方法 (Fast Structure Filter Fusion, FFIF) [52] 和交叉双边滤波器方法 (Cross Bilatera Filter, CBF) [152]。使用这些算法在 6 对多聚焦图像上进行了实验，如图 5.3 ～ 图 5.8 所示。图 5.3 表示不同的融合算法在 "disk" 数据集的融合结果。如图 5.3（c）和图 5.3（g）所示，NSCTSR 和 CBF 的融合结果中有一些伪影。基于 NSCTSR、GFF 和 CBF 方法的融合结果都在时钟边界处存在 "晕" 伪影（如图 5.3（c）、（d）和（g）所示）。从图 5.3（e）可以看出，MFGD 方法的融合结果增加了图像的亮度并导致许多模糊伪影。同时，FFIF 方法的融合结果在时钟的垂直边缘有伪影（如图 5.3（f）所示），也就是说，图像的边缘没有得到很好的保留。相比较而言，MFRF 方法在视觉质量方面表现更好（如图 5.3（h）所示）。

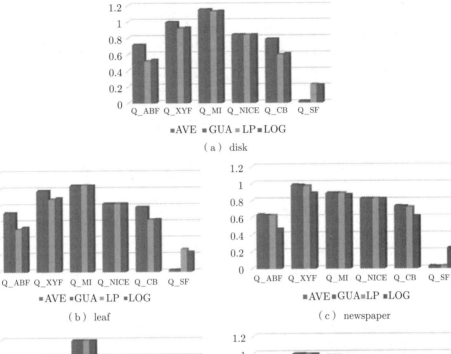

（a）disk

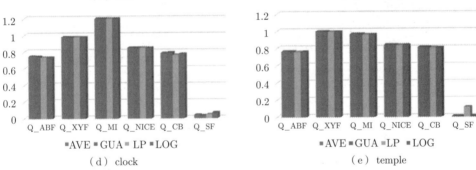

（b）leaf　　　　　　　　　　（c）newspaper

（d）clock　　　　　　　　　　（e）temple

图 5.2　不同低通滤波器的融合性能

（a）disk 1　　　　　　　　　　（b）disk 2

图 5.3　利用不同的融合方法得到的多聚焦图像“disk”融合结果

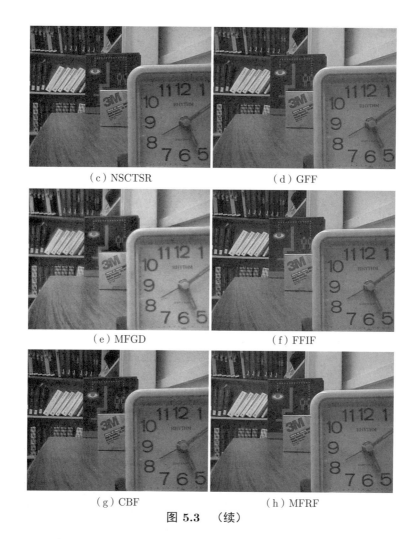

（c）NSCTSR

（d）GFF

（e）MFGD

（f）FFIF

（g）CBF

（h）MFRF

图 5.3　（续）

　　图 5.4 显示了在"lab"图像的融合结果。由图 5.4（c）、图 5.4（d）、图 5.4（f）和图 5.4（g）可以很明显地看出，由 NSCTSR、GFF、FFIF 和 CBF 这些方法生成的融合结果在人的头部周围有"光环"晕圈。从图 5.4（e）可以看出，MFGD 方法的融合结果增加了源图像的亮度，并且在人的头部和身体的边缘有模糊伪影和振铃伪影。与其他方法相比，MFRF 方法融合结果具有较少的伪影（如图 5.4（h）所示）。

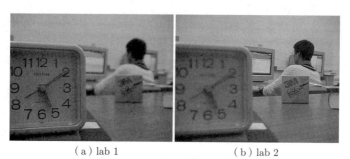

（a）lab 1

（b）lab 2

图 5.4　利用不同的融合方法得到的多聚焦图像"lab"融合结果

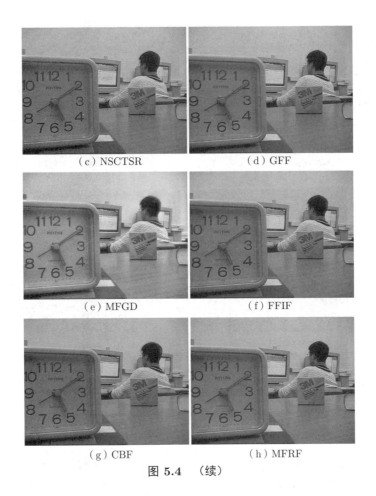

（c）NSCTSR　　　　　　　　（d）GFF

（e）MFGD　　　　　　　　　（f）FFIF

（g）CBF　　　　　　　　　（h）MFRF

图 5.4　（续）

在"leaf"图像上使用不同的融合方法获得的融合结果如图 5.5 所示。NSCTSR 方法的融合结果在强边缘处存在一些模糊伪影，如图 5.5（c）所示。如图 5.5（d）所示，在 GFF 方法的融合结果中，叶子边缘出现一些伪影。MFGD 方法融合结果图像的亮度高于其他融合方法的融合结果（如图 5.5（e）所示）。从图 5.5（f）可以看出，FFIF 方法会导致小叶子中出现模糊伪影。从图 5.5（g）可以看出，CBF 方法降低了部分区域的图像清晰度。

（a）leaf 1　　　　　　　　　（b）leaf 2

图 5.5　利用不同的融合方法得到的多聚焦图像"leaf"融合结果

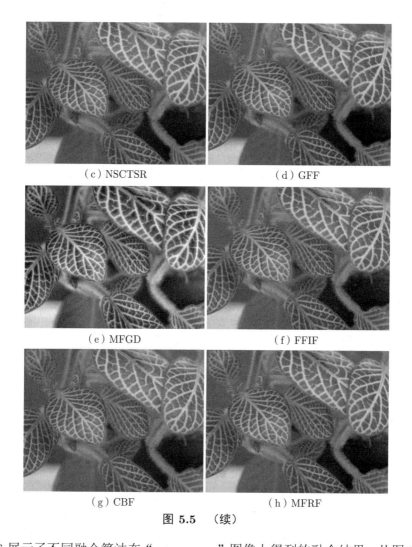

（c）NSCTSR　　　　　　　　　　　　　（d）GFF

（e）MFGD　　　　　　　　　　　　　（f）FFIF

（g）CBF　　　　　　　　　　　　　（h）MFRF

图 5.5　（续）

　　图 5.6 展示了不同融合算法在"newspaper"图像上得到的融合结果。从图 5.6（c）可以看出，NSCTSR 方法的融合结果产生了振铃伪影和模糊伪影。图 5.6（d）、图 5.6（f）和图 5.6（g）显示了 GFF、FFIF 和 CBF 算法获得的融合结果，在聚焦区域和非聚焦区域的边界处存在一些模糊伪影。在 MFGD 方法的融合结果中，字母周围出现了一些像伪影边缘的阴影（如图 5.6（e）所示）。并且在图 5.6（e）中，大部分单词都是模糊的，因此很难从中获取一些有用信息。还可以观察到，MFRF 方法的融合结果中仍然存在一些模糊伪影（如图 5.6（h）所示）。但是相对来说，MFRF 融合结果在所有案例中的伪影最少。

　　图 5.7 显示了"clock"图像的融合结果。如图 5.7（c）和图 5.7（g）所示，NSCTSR 和 CBF 得到的融合结果在大钟的左上角有伪影。对于图像亮度而言，图 5.7（e）中的融合结果增加了图像亮度，但是同时也存在模糊伪影。FFIF 方法的融合结果中大时钟的右上角出现模糊，锐度降低（如图 5.7（f）所示）。从图 5.7（d）和图 5.7（h）可以看出，GFF 和 MFRF 算法的融合结果比其他算法融合的结果图像更好。

（a）newspaper 1　　　　　　　　（b）newspaper 2

（c）NSCTSR　　　　　　　　（d）GFF

（e）MFGD　　　　　　　　（f）FFIF

（g）CBF　　　　　　　　（h）MFRF

图 5.6　利用不同的融合方法得到的多聚焦图像"newspaper"融合结果

（a）clock 1　　　　　　　（b）clock 2

（c）NSCTSR　　　　　　　（d）GFF

（e）MFGD　　　　　　　（f）FFIF

（g）CBF　　　　　　　（h）MFRF

图 5.7　利用不同的融合方法得到的多聚焦图像"clock"融合结果

利用不同算法得到的多聚焦图像"temple"融合结果如图 5.8 所示。从图 5.8（c）可以看出，融合图像中石狮子周围有一些模糊的伪影，背景中有额外的阴影。对于图像亮度而言，利用 GFF 方法得到的融合结果降低了图像亮度（如图 5.8（d）所示）。如图 5.8（e）所示，MFGD 方法的融合结果不仅会产生模糊伪影，还会使图像亮度增加。从图 5.8（f）和图 5.8（g）显示的 FFIF 和 CBF 算法融合结果可以看出，两种方法得到的融合结果的背景中都有额外的阴影。从实验结果图 5.3 ~ 图 5.8 可以看出，MFRF 方法在六对图像融合的主观评价中都获得了较好的融合效果。

实验测试的六对图像融合结果的客观评价指标如表 5.1 所示。为了从表中看得更清楚，表中把每个客观指标的最高值都用粗体标出，可以看出 MFRF 融合结果的客观评价值大部分为最高值，说明 MFRF 算法比其他方法获得了更好的融合结果[47,52,53,152,161]。

3. 消耗时间分析

评估不同方法的计算时间可以探索 MFRF 算法的效率。本节所有实验均在配备 Intel (R) Core (TM) i7-2600K 3.40 Hz CPU、16.0 GB 内存计算机的 MATLAB 上进行。因为不同的图像对有不同的分辨率，图像"disk"和"lab"具有相同的分辨率为 640×480 像素，图像"leaf"的分辨率为 268×204 像素，图像"newspaper"的分辨率为 322×234 像素，图像"clock"的分辨率为 256×256 像素，图像"temple"的分辨率为 481×516 像素。实验在以上 5 个分辨率下进行。

（a）temple 1　　　　　　　　（b）temple 2

（c）NSCTSR　　　　　　　　（d）GFF

图 5.8　利用不同的融合方法得到的多聚焦图像"temple"融合结果

（e）MFGD   （f）FFIF

（g）CBF   （h）MFRF

图 5.8   （续）

表 5.1   不同融合算法对 6 组图像的客观评价指标值

图像	指标	融合算法指标值					
		NSCTSR	GFF	MFGD	FFIF	CBF	MFRF
disk	$Q_p^{ab\|f}$	0.6918	0.7054	0.6744	0.7124	0.6813	**0.7148**
	$Q_w^{xy\|f}$	0.9179	0.9405	0.8312	0.9583	0.8966	**0.9926**
	Q_{MI}	0.8628	0.9732	0.5122	1.0573	0.9203	**1.1482**
	Q_{NCIE}	0.8236	0.8291	0.8122	0.8338	0.8263	**0.8390**
	Q_{CB}	0.6987	0.7247	0.5863	0.7560	0.6747	**0.7841**
	Q_{SF}	0.0281	0.0331	0.1407	0.0295	0.0649	**0.0187**
lab	$Q_p^{ab\|f}$	0.6960	0.7134	0.6615	0.7188	0.6942	**0.7208**
	$Q_w^{xy\|f}$	0.8919	0.9417	0.7894	0.9230	0.8661	**0.9884**
	Q_{MI}	1.0249	1.1331	0.5987	1.1846	1.0690	**1.2347**
	Q_{NCIE}	0.8310	0.8360	0.8165	0.8389	0.8330	**0.8414**
	Q_{CB}	0.6648	0.6919	0.5877	0.6983	0.6354	**0.7379**
	Q_{SF}	0.0283	0.0328	**0.0094**	0.0321	0.0800	0.0203
leaf	$Q_p^{ab\|f}$	0.7078	0.7177	0.6353	0.7199	0.7074	**0.7212**
	$Q_w^{xy\|f}$	0.9566	0.9697	0.8276	0.9794	0.9553	**0.9880**
	Q_{MI}	0.9566	0.7738	0.3728	0.9181	0.7553	**1.0501**
	Q_{NCIE}	0.8146	0.8184	0.8073	0.8249	0.8176	**0.8318**
	Q_{CB}	0.7465	0.7684	0.5758	0.7799	0.7326	**0.7911**
	Q_{SF}	0.0264	0.0371	0.3883	0.0365	0.0681	**0.0207**

续表

图像	指标	融合算法指标值					
		NSCTSR	GFF	MFGD	FFIF	CBF	MFRF
newspaper	$Q_p^{ab\|f}$	0.5695	0.6226	0.5481	0.6290	0.5471	**0.6367**
	$Q_w^{xy\|f}$	0.9395	0.9824	0.8871	**0.9898**	0.9030	0.9847
	Q_{MI}	0.3048	0.6085	0.2635	0.8153	0.3655	**0.8871**
	Q_{NCIE}	0.8046	0.8119	0.8040	0.8198	0.8057	**0.8229**
	Q_{CB}	0.6660	0.7297	0.5803	0.7423	0.6239	**0.7352**
	Q_{SF}	0.0395	0.0389	0.1875	0.0350	0.1130	**0.0268**
clock	$Q_p^{ab\|f}$	0.7375	0.7403	0.7142	0.7435	0.7380	**0.7464**
	$Q_w^{xy\|f}$	0.9319	0.9418	0.7992	0.9701	0.9390	**0.9786**
	Q_{MI}	1.0507	1.1031	0.5989	1.1953	1.0791	**1.2513**
	Q_{NCIE}	0.8350	0.8384	0.8174	0.8428	0.8364	**0.8473**
	Q_{CB}	0.7622	0.7666	0.6514	0.7763	0.7266	**0.7882**
	Q_{SF}	0.0424	0.0546	**0.0049**	0.0621	0.1032	0.0376
temple	$Q_p^{ab\|f}$	0.7152	0.7556	0.7367	0.7543	0.7449	**0.7631**
	$Q_w^{xy\|f}$	0.9386	0.9884	0.9040	0.9819	0.9492	**0.9952**
	Q_{MI}	0.4341	0.7543	0.3054	0.8573	0.7085	**0.9629**
	Q_{NCIE}	0.8078	0.8228	0.8050	0.8277	0.8184	**0.8364**
	Q_{CB}	0.6882	0.7917	0.6505	0.7949	0.7481	**0.8103**
	Q_{SF}	0.0152	0.0255	0.0657	0.0262	0.0207	**0.0055**

不同融合算法对每个测试图像均执行 8 次，然后对这 8 次实验的计算时间进行平均，其平均时间如表 5.2 所示。从表 5.2 可以看出，与其他方法相比，FFIF 算法的执行时间相对较短，因为它使用的是快速算法。相比之下，MFRF 的执行时间少于 NSCTSR 和 CBF 方法，并且与其他两种方法的执行时间相当。因此，MFRF 有望用于实时实现。

表 5.2　不同算法平均消耗时间（s）

图像	算法					
	NSCTSR	GFF	MFGD	FFIF	CBF	MFRF
disk	44.6275	0.3572	1.0031	0.1000	52.3861	0.2887
lab	39.2177	0.3608	1.0045	0.1001	52.9350	0.2803
leaf	9.2184	0.0315	0.2165	0.0081	9.4504	0.0876
newspaper	12.1355	0.0471	0.2245	0.0119	12.9385	0.1071
clock	10.8090	0.0411	0.0574	0.0104	11.4014	0.0950
temple	44.7760	0.2812	0.9639	0.0782	42.5466	0.2566

4. 参数影响

为了证明 MFRF 的稳定性，本节研究参数 σ_s 和 σ_r 对图像融合结果的影响。σ_s 和 σ_r 分别控制着 RF 的空间和支持范围。因为本节采用的六个评价标准是相同的数量级，为了节省篇幅，这里只展示评价标准 $Q_p^{ab|f}$ 的实验结果如图 5.9 所示。可以看出，参数 σ_r

的取值范围以 0.2 为间隔从 0.2 ~ 2，参数 σ_s 的取值范围以 20 为间隔从 20 ~ 200。从图 5.9（a）~ 图 5.9（f）可以看出来图中列和行的幅度略有变化但是变化不大，说明 MFRF 的算法性能对 σ_r 和 σ_s 的变化不敏感，能在较宽范围内对参数的变化保持鲁棒性。

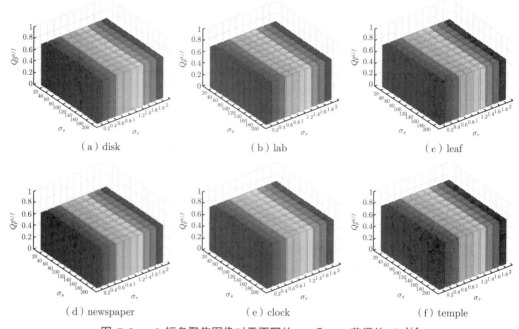

（a）disk　　　　　　　　　（b）lab　　　　　　　　　（c）leaf

（d）newspaper　　　　　　（e）clock　　　　　　　（f）temple

图 5.9　　6 幅多聚焦图像对于不同的 σ_r 和 σ_s 获得的 $Q_p^{ab|f}$

为了更加直观地展示 MFRF 算法融合结果的主观性能，固定 $\sigma_r = 0.2$ 对图像"temple"使用不同的 σ_s 值进行图像融合，实验结果如图 5.10 所示。图 5.10（a）~ 图 5.10（d）分别展示了 $\sigma_s = 5$、$\sigma_s = 10$、$\sigma_s = 20$ 和 $\sigma_s = 40$ 时的融合结果，与之相对应的权重谱如图 5.10（e）~ 图 5.10（h）所示。当 $\sigma_s = 5$ 时，可以看出图中有一些伪影，与之对应的聚焦谱中有明显的错误。当 $\sigma_s = 40$ 时，融合结果是好的，并且图 5.10（h）所示的权重谱是正确的。说明随着 σ_s 值的增加，融合结果的错误聚集区域也在减少。此外，如图 5.9 所示，从 $\sigma_s = 40$ 开始不断增加 σ_s 值，六幅测试图像的评价标准 $Q_p^{ab|f}$ 的值都是是稳定的。实验结果表明，使用这些参数可以获得良好的融合性能。

（a）$\sigma_s = 5$　　　　　　（b）$\sigma_s = 10$　　　　　　（c）$\sigma_s = 20$　　　　　　（d）$\sigma_s = 40$

图 5.10　　多聚焦图像 "temple" 对于不同的 σ_s 得到的融合结果及其相对应的权重谱

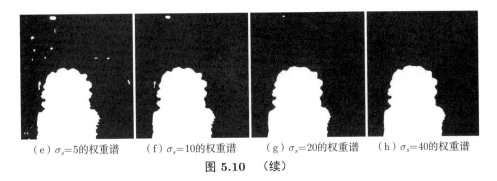

（e）σ_s=5的权重谱　　（f）σ_s=10的权重谱　　（g）σ_s=20的权重谱　　（h）σ_s=40的权重谱

图 5.10 （续）

5. 进一步的统计型实验

为了进行统计评估，本节额外利用其他 32 幅图片来证明 MFRF 算法的有效性 [109]。这里分别计算了在这 32 幅图像上不同融合方法的平均性能。实验结果总结在表 5.3 中。从表中可以看出，MFRF 方法的融合结果在六个评价指标方面都优于其他方法。

表 5.3　32 幅图片的平均指标值

指标	不同融合方法的指标值					
	NSCTSR	GFF	MFGD	FFIF	CBF	MFRF
$Q_p^{ab|f}$	0.7188	0.7359	0.6866	0.7330	0.7316	**0.7380**
$Q_w^{xy|f}$	0.9555	0.9779	0.8386	0.9824	0.9540	**0.9861**
Q_{MI}	0.9752	1.1137	0.4989	1.1689	1.0202	**1.2247**
Q_{NCIE}	0.8317	0.8400	0.8140	0.8438	0.8341	**0.8472**
Q_{CB}	0.7020	0.7811	0.6119	0.7871	0.7486	**0.7978**
Q_{SF}	0.0309	0.0352	0.1382	0.0565	0.0919	**0.0246**

5.4　结论

本章提出了一种基于 RF 的空间域融合方法。特别地，最新的 RF 已作为结构保持滤波器被引入到研究中。该算法中提出一种新的聚焦区域检测方法来生成初始权重图，即利用源图像与对应的平滑图像之间的绝对差值来检测显著区域。RF 用于重新调整初始权重图来获得细化权重图，可以提高空间一致性，进而提高融合结果。实验结果表明，MFRF 方法在视觉性能和客观指标方面都表现出了优异的性能，并且对参数的设置不敏感，有望用于实时实现。

第 6 章
基于分割谱滤波器和稀疏表示的医学图像融合

6.1 引言

随着各种成像设备的发展，为准确获取临床信息，并协助医生作出更好的诊断，多模态医学图像融合成为重要研究课题，究其原因是单模态医学图像已不足以诊断病人的病情，例如，CT (Computed Tomography, CT) 图像只能显示较少失真的骨结构、植入物等高分辨率信息; 磁共振 (Magnetic Resonance, MR) 图像只能描述正常和病态的软组织[77,79,152,162−164]。近年来，如何将不同形态的医学图像融合成单一图像已经引起了学者广泛的关注[165]，他们提出了多种图像融合方法[52,79,80,82−87,162,163,166−167]。

多模态图像融合方法通常基于空间域或变换域[57,160]。基于空间域已经出现了多种方法，如主成分分析 (Principal Component Analysis, PCA)[50,168] 和独立成分分析 (Independent Component Analysis, ICA)[57]。但这些方法并不完全适用于医学图像融合，因为这些存在于不同尺度上的特征对人类视觉系统很敏感[88,164]。相较而言，多尺度或多分辨率分析更适合医学融合[52,164]。例如，拉普拉斯金字塔 (Laplacian pyramid，LP)、分解和小波变换 (Decomposition And Wavelet Transform, WT) 等多尺度变换在图像融合中得到了广泛的应用[66,68,83,125,162,163,166,169,170]。此外，一些边缘保持滤波器，例如，各向异性扩散（Anisotropic Diffnsion，AD）[171]、双边滤波器 (The Bilateral Filter，BF)[157]、加权最小二乘滤波器 (Weighted Least squares Filter，WLS)[89]、L0 平滑滤波器[106] 和引导滤波器 (Guided Filter，GF)[107] 已经被开发出来，用来防止在平滑纹理时对整个结构进行平滑。由于边缘保持滤波器可以用来实现多尺度分解，如多尺度变换和 LP 分解，因此有几个这样的滤波器已经被应用于图像融合[52,160,172]。这些算法包括基于 BF 和交叉双边滤波器 (CBF) 的算法[90,152]，以及基于 GF 的算法[47,86]。然而，这些边缘保持滤波器存在各种各样的问题，包括"光晕"伪影、残留伪影、"泄漏"问题，并且其算法往往耗时较长[105]。为了解决这些问题，本章提出了一种基于双权值平均的边缘保持滤波器——分割谱滤波器 (Segment Graph Filter，SGF)[105]。本章采用基于 SGF 的边缘保持分解方法，将源图像分解为基图像和细节图像。近年来，稀疏表示技术 (Sparse Representation，SR) 在计算机视觉和图像处理领域引起了广泛的关注[173]，这些领域包括图像去噪[122]、人脸识别[174]、动作识别[175] 和目标跟踪[176]。Yang 等[97] 率先在他们的多聚焦图像融合方法中引入了 SR 技术。由于 SR 算法能够提高图像融合的性能，基于 SR 算法的融合方法在图像融合领域成为一种新的分支并得到了广泛的研究[53,91,97,177,178]。Zhang 等[95] 指出，大多数基于 SR 的图像融合方法也是基于多尺度变换的技术。此外，他们提到几乎所有基于 SR 的多模态图像融合方法都是多尺度变换方法[95]。

本章提出了一种基于 SGF 和 SR 的医学图像融合新方法，该研究的贡献体现在两个方面：① 为保持结构信息首次在医学图像融合中引入了 SGF，将源图像分解为基图像和细节图像，通过对生成的图像应用不同的融合规则得到融合图像。② 利用 SR 理论来解决图像融合问题。细节图像是通过 SR 技术结合学习字典来进行融合的，这样能保证从源图像中传递更多信息，提高融合效果。将所提出的融合方法与现有的先进融合方法的性能进行了比较，验证了本章所提出融合方法的有效性。

6.2　相关工作

6.2.1　图像分割滤波器

著名的结构保持平滑技术[105] 可以分为两种类型：基于优化的滤波器，例如，基于加权最小二乘优化的边缘保持滤波方法[89]、L0 平滑滤波器[106] 和基于加权平均的技术，例如，BF[89]、GF[89]。虽然这些保持边缘平滑的技术在不同的方法中被广泛使用，但第一种类型的滤波器可能会造成光影"泄漏"，并且非常耗时，而第二种类型滤波器中可能会造成"晕"伪影。Zhang 等[105] 在滤波器中引入树距来解决"光晕"问题。为了解决"泄漏"问题，他们还设计了一种分割谱技术，这种技术用更可靠的边缘感知结构来表示图像。在此基础上，他们提出了一种新的基于分割谱的线性局部滤波器，称为分割谱滤波器[105]。基于他们对给定图像超像素分解的研究以及超像素可以在线性上快速运行的特征，最终采用超像素分解来构造图像分割。

$$w_1(m, n) = \exp\left(-\frac{D(m,n)}{\sigma}\right) \tag{6.1}$$

式中，$D(m,n)$ 表示像素 m 和 n 之间的树距。

因为控制了 $D(m,n)$ 的衰减速度，所以 w_1 与树距离 $D(m,n)$ 成反比。为了描述外部权重，引入了一个半径为 r 的平滑窗口 w_m 和超像素技术。SGF 的滤波核如图 6.1 所示，其中超像素表示为六边形，像素 m 为超像素 S_0，其滤波窗口 W_m 用矩形窗格表示。多个超像素区域用 $\{S_0, S_1, \cdots, S_k\}$ 表示，重叠区域用 $\{S_0', S_1', \cdots, S_k'\}$ 表示，$S_i' = W_p \bigcap S_i$。因此，外部权重函数可以用 S_i' 与 S_i 的面积大小比来定义：

$$w_2(m, S_i) = \frac{|S_i'|}{|S_i|} \tag{6.2}$$

式中，$|S_i'|$ 与 $|S_i|$ 分别表示 S_i' 和 S_i 的面积大小。

在得到内外权值后，可以得到输入图像 I 在像素 n 处的滤波器输出：

$$J_m = \frac{1}{K_m} \sum_{0 \leqslant i < k} w_2(m, S_i) \sum_{n \in S_i} w_1(m, n) I_n \tag{6.3}$$

式中，K_m、S_i 和 J_m 分别为归一化项、超像素区域和滤波器输出；w_1 和 w_2 分别是内部和外部的权重函数。像素 m 处的输出 J_m 是特定邻近区域 $\Omega = \bigcup_{0 \leqslant i < k} S_i (n \in S_0)$ 的强度值 I_n 的双重加权平均值。

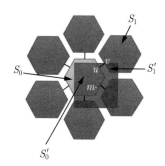

图 6.1　　图像分割滤波器的滤波核

在 SGF 的线性实现中，阈值 τ 总是被设置为截断 S_0 与其邻域 S_i 之间的一些边，以便充分利用图像分割。在图 6.1 中的分割谱构建时，S_0 与其邻域 S_i 之间的连接边 $E_{\min}$ 可以定义为

$$E_{\min}(S_0, S_i) = \min\{W(u, v) | u \in S_0, v \in S_1\} \tag{6.4}$$

$$W(u, v) = |I_u - I_v|, \tag{6.5}$$

式中，$U \in S_0$ 和 $V \in S_i$ 是连接边的像素和顶点。根据上面的描述，SGF 的滤波器输出可以重写为

$$J_m = \frac{1}{K_m} \sum_{0 \leqslant i \leqslant k} \delta_i w_2(m, S_i) \sum_{n \in S_i} w_1(m, n) I_n$$

$$\text{s.t.} \quad \delta_i = \begin{cases} 0, & E_{\min}(S_0, S_i) > \tau \\ 1, & \text{其他.} \end{cases} \tag{6.6}$$

6.2.2　稀疏表示

稀疏表示基于以下这样一个假设，即自然信号可以由字典矩阵中"少量"原子的线性组合表示[53,91]。因此，给定字典 $\boldsymbol{D} \epsilon R^{j \times k}(j < k)$，字典 $\boldsymbol{D} = [d^1, d^2, \cdots, d^k]$ 的每一列可以被认为是一个原子，目标信号 $\boldsymbol{y} = [y^1, y^2, \cdots, y^j]^T$ 可以表示为

$$\boldsymbol{y} \cong \boldsymbol{D}\alpha \tag{6.7}$$

式中，α 是用字典 $\boldsymbol{D}$ 表示信号 y 的系数。

在实际中，基于字典 $\boldsymbol{D}$ 的信号 $\boldsymbol{y}$ 的 SR 问题通常表示为

$$\min_{\alpha} \|\alpha\|_0 \quad \text{s.t.} \quad \boldsymbol{y} = \boldsymbol{D}\alpha \tag{6.8}$$

或者

$$\min_{\alpha} \|\alpha\|_0 \quad \text{s.t.} \quad \|\boldsymbol{y} - \boldsymbol{D}\alpha\|_2 < \varepsilon \tag{6.9}$$

式中，$\|.\|_0$ 是一个 l_0 范数，即计算一个向量的非零项的个数，ε 是误差容忍度。它的优化问题是一个 NP 难的问题，通常采用贪婪算法，如匹配追踪 (MP) [92]、正交匹配追踪 (OMP)[93] 和其他改进的 OMP[94] 算法来求解该问题，用以估计 α 系数。

在 SR 中，构造合适的字典是至关重要的。近年来，学者提出了几种字典生成方法，主要可分为两类[95,96]。其中一类是固定字典，如 DCT 字典 [97]。这类字典的一个主要问题是，它经常局限于某种类型的信号，不能用于任意的信号簇。另一类字典基于特定的学习方法，如 PCA、MOD 和 K-SVD[99]。这些基于学习的方法主要从两个样本中学习：一个样本包含一组图像，而另一个样本包含源图像。在这两个学习样本之间，直接从源图像学习字典可以得到更好的表示，并为许多图像和视觉应用技术[100] 提供更好的性能。因此，笔者在本研究中采用 K-SVD 学习字典算法[99]，该算法从源图像样本中学习来构建字典。

6.3　融合框架

本节详细讨论基于 SGF 和 SR 的融合框架。以两幅完全配准的医学图像 A 和 B 为例，本书的图像融合方法包括以下 4 个步骤。

步骤 1：将 SGF 应用于源图像 A 和源图像 B，得到基图像。

$$A_b = \text{SGF}(A) \tag{6.10}$$

$$B_b = \text{SGF}(B) \tag{6.11}$$

再将原始图像 A、B 减去 SGF 输出，得到细节图像：

$$A_d = A - A_b \tag{6.12}$$

$$B_d = B - B_b \tag{6.13}$$

步骤 2：基图像融合 (融合规则 1)，即选择一个基于基信息的活跃度度量的融合准则对基图像进行融合。该融合规则的优点是适用于医学图像，并且在融合后的图像中保留了对比度信息。融合规则计算过程如下。

（1）利用归一化香农熵计算 R 区域基像在点 (x,y) 处的活跃度度量。

$$E_A(x,y) = \frac{1}{|R|} \sum_{i,j \in (R)} (A_b(i,j))^2 \log (A_b(i,j)^2) \tag{6.14}$$

$$E_B(x,y) = \frac{1}{|R|} \sum_{i,j \in (R)} (B_b(i,j))^2 \log (B_b(i,j)^2) \tag{6.15}$$

式中，$|R|$ 为区域大小，即区域 R 中包含的总像素数。

（2）从每幅图像的基信息中提取位于点 (x, y) 处的显著性信息，得到相应的权重为

$$S_A(x, y) = \frac{E_A(x, y)}{E_A(x, y) + E_B(x, y)} \tag{6.16}$$

$$S_B(x, y) = \frac{E_B(x, y)}{E_A(x, y) + E_B(x, y)} \tag{6.17}$$

将基信息进行如下融合

$$C_b^F(x, y) = S_A(x, y)A_b(x, y) + S_B(x, y)B_b(x, y) \tag{6.18}$$

步骤 3：细节图像融合 (融合规则 2)，即采用基于 SR 的方法，结合学习得到的字典对细节图像进行融合。

（1）将细节图像 A_d 和 B_d 分割成相同大小 (8×8) 的图像块，在这一步中，使用固定步长像素的滑动窗口来减少块效应和提高鲁棒性[95]。假设图像 A_d 和 B_d 有 N 个块，分别用 $\{p_A^i\}_{i=l}^N$ 和 $\{p_B^i\}_{i=l}^N$ 表示，使用 K-SVD 字典学习算法[99] 从这组块中学习一个字典。

（2）将位置 i 的块 $\{p_A^i, p_B^i\}$ 重新排列为列向量 $\{v_A^i, v_B^i\}$。

（3）利用 OMP 算法[93] 计算 $\{v_A^i, v_B^i\}$ 的稀疏系数向量 $\{\alpha_A^i, \alpha_B^i\}$。

$$\alpha_A^i = \min_\alpha \|\alpha\|_0 \quad \text{s.t.} \left\| \boldsymbol{v}_A^i - \boldsymbol{D}\alpha \right\|_2 < \varepsilon \tag{6.19}$$

$$\alpha_B^i = \min_\alpha \|\alpha\|_0 \quad \text{s.t.} \left\| \boldsymbol{v}_B^i - \boldsymbol{D}\alpha \right\|_2 < \varepsilon \tag{6.20}$$

式中，$\boldsymbol{D}$ 是利用 K-SVD 算法学习的字典。

（4）使用 "$\max-l_1$" 规则获得融合稀疏向量 α_F^i，因为它适合于图像融合[81]。

$$\alpha_F^i = \begin{cases} \alpha_A^i, & \|\alpha_A^i\|_1 > \|\alpha_B^i\|_1 \\ \alpha_B^i, & \text{其他} \end{cases} \tag{6.21}$$

然后，计算 v_i^A 与 v_i^B 的融合结果 $\boldsymbol{v}_F^i$，

$$\boldsymbol{v}_F^i = \boldsymbol{D}\alpha_F^i \tag{6.22}$$

最后，将位置 i 处的融合图像 $\boldsymbol{D}_F^i$ 重构为 $\boldsymbol{v}_F^i$。将 $\boldsymbol{v}_F^i$ 重新构建为大小为 8×8 的图像 p_F^i 块，并将其插入到原始位置。对于 $\{p_A^i\}_{i=l}^N$ 和 $\{p_B^i\}_{i=l}^N$ 中的所有源图像块，重复上述过程，得到细节融合图像 C_D^F。

步骤 4：得到基础融合图像 C_b^F 和细节融合图像 C_D^F 后，重构融合图像 F 为

$$F = C_b^F + C_D^F \tag{6.23}$$

根据上述描述，本书方法的框架如图 6.2 所示。

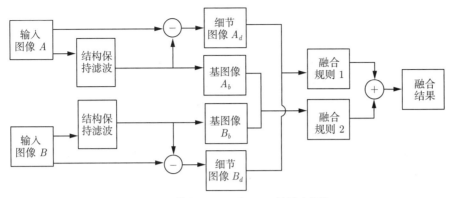

图 6.2　基于 SGF 和 SR 的融合框架

6.4　实验结果和讨论

6.4.1　实验设置

（1）原始图像。

本实验对 6 对原始图像进行实验，如图 6.3 所示。图像被分为 3 组：a 组包括大脑的 CT 和 MRI 图像，分别如图 6.3（a）和（b）所示。b 组包括 t1 加权 MR 图像（MR $-$ t$_1$）和 MRA，如图 6.3（c）和（d）所示。c 组 MR-T$_1$ 和 MR-T$_2$ 图像分别如图 6.3（a）、图 6.3（g）、图 6.3（i）、图 6.3（k）和 6.3（f）、6.3（h）、6.3（j）、6.3（l）所示。

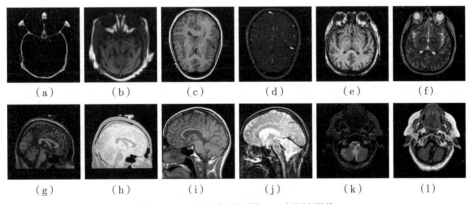

图 6.3　实验中用到的 6 对原始图像

（2）性能评价指标。

融合性能采用 5 个指标进行评估，包括基于特征的度量 $Q_p^{ab|f}$[108]、基于结构的度量 $Q_w^{xy|f}$[109]、归一化互信息 Q_{MI}[110]、非线性相关信息熵 Q_{NCIE}[111,179] 和相位一致性 Q_p[180]。

基于特征的度量（Feature-based Metric, $Q_p^{ab|f}$）评估从输入图像 A 和 B 到融合图像 F

的边缘信息。数学上，$Q_p^{ab|f}$ 定义为

$$Q_p^{ab|f} = \frac{\sum\limits_{n=1}^{N}\sum\limits_{m=1}^{M}\left[Q^{AF}(i,j)w^A(i,j) + Q^{BF}(i,j)w^B(i,j)\right]}{\sum\limits_{n=1}^{N}\sum\limits_{m=1}^{M}\left(w^A(i,j) + w^B(i,j)\right)} \tag{6.24}$$

式中，w_A 和 w_B 为加权系数。Q_{AF} 和 Q_{BF} 分别表示输入图像 A、B 和融合图像 F 的边缘信息保持值：

$$Q^{AF}(i,j) = Q_g^{AF}(i,j)Q_\alpha^{AF}(i,j) \tag{6.25}$$

$$Q^{BF}(i,j) = Q_g^{BF}(i,j)Q_\alpha^{BF}(i,j) \tag{6.26}$$

式中，Q_g^F 和 Q_α^F 分别为边缘强度值和方向保持值。

基于结构的度量 $Q_w^{xf|f}$ 是测试输入图像 A、B 和融合图像 F 之间的结构相似度，采用滑动窗口 w 计算局部结构相似度。Yang 等[109] 表示度量 $Q_w^{xf|f}$ 为

$$Q_w^{xy|f} = \begin{cases} \lambda_w\,\mathrm{SSIM}(A,F\mid w) + (1-\lambda_w)\,\mathrm{SSIM}(B,F\mid w) \\ \qquad \text{if } \mathrm{SSIM(A,B\mid w)} \geqslant 0.75 \\ \max\{\mathrm{SSIM}(A,F\mid w), \mathrm{SSIM}(B,F\mid w)\} \\ \qquad \text{if } \mathrm{SSIM(A,B\mid w)} < 0.75 \end{cases} \tag{6.27}$$

式中，$\mathrm{SSIM}(\ )$ 为两幅图像的结构相似性，同时权重 w 定义为

$$\lambda_w = \frac{s(A\mid w)}{s(A\mid w) + s(B\mid w)} \tag{6.28}$$

式中，$s(A\mid w)$ 和 $s(B\mid w)$ 分别是图像 A 和图像 B 在 w 窗口下的方差。

根据互信息计算归一化互信息度量，找出两幅输入图像 A、B 与融合图像 F 之间的相似度：

$$Q_{\mathrm{MI}} = 2\left[\frac{MI(A,F)}{H(A)H(F)} + \frac{MI(B,F)}{H(B)H(F)}\right] \tag{6.29}$$

式中，$MI(x,y)$ 表示两幅图像 x 和 y 之间的互信息，$H(x,y)$ 为信息熵。

非线性相关信息熵用来测量输入图像 A、B 和融合图像 F 之间的非线性相关测度：

$$Q_{\mathrm{NCIE}} = 1 + \sum_{i=1}^{3}\frac{\lambda_i}{3}\log_{256}\frac{\lambda_i}{3} \tag{6.30}$$

式中，$\lambda_i(i = 1, 2, 3)$ 是非线性相关矩阵 $\boldsymbol{R}$ 的特征值，定义为

$$\boldsymbol{R} = \begin{pmatrix} NCC_{AA} & NCC_{AB} & NCC_{AF} \\ NCC_{BA} & NCC_{BB} & NCC_{BF} \\ NCC_{FA} & NCC_{FB} & NCC_{FF} \end{pmatrix}$$

$$= \begin{pmatrix} 1 & NCC_{AB} & NCC_{AF} \\ NCC_{BA} & 1 & NCC_{BF} \\ NCC_{FA} & NCC_{FB} & 1 \end{pmatrix} \tag{6.31}$$

式中，$NCCxy$ 代表图像 x 和 y 之间的非线性相关系数。

　　相位一致性提供了图像特征的绝对测度，Zhao 等[158] 将其定义为评价指标。利用图像相位一致性的最大矩和最小矩来定义度量，因为这些矩包含了图像的角度和边缘信息。将度量定义为三个相关系数的乘积，如下式所示。

$$Q_P = (P_p)^{\alpha} (P_M)^{\beta} (P_m)^{\gamma} \tag{6.32}$$

式中，p、M、m 分别为相位、最大矩、最小矩。

$$P_p = \max \left(C_{AF}^p, C_{BF}^p, C_{SF}^p \right)$$

$$P_M = \max \left(C_{AF}^M, C_{BF}^M, C_{SF}^M \right) \tag{6.33}$$

$$P_m = \max \left(C_{AF}^m, C_{BF}^m, C_{SF}^m \right)$$

式中，$C_{xy}^k \{k|p, M, m\}$ 为两个集合 x 和 y 之间的相关系数:

$$C_{xy}^k = \frac{\sigma_{xy}^k + C}{\sigma_x^k \sigma_y^k + C} \tag{6.34}$$

$$\sigma_{xy} = \frac{1}{N-1} \sum_{i=1}^{N} (x_i - \bar{x})(y_i - \bar{y}) \tag{6.35}$$

式中，后缀 A、B, F, S 分别对应两个输入，融合图像和最大选择谱; 指数参数 α，β, 和 γ 可以根据各个部分的重要性进行调整[180]。

6.4.2　参数分析

　　本章提出的融合算法的 SGF 中需要设置 3 个参数: σ 控制着公式 (6.1) 中的衰减速度，r 表示窗口的大小，而 τ 控制着公式 (6.6) 中领域聚合的阈值。这里在图 6.3 所示的 6 组图片上进行了实验，用来研究参数 σ 和 γ 对 $Q_p^{ab|f}$ 的影响，以验证所提方法的鲁棒性，实验结果如图 6.4 所示; 设置 σ 每间隔 0.02 从 0.1 ~ 0.5 变化，γ 每间隔 2 就会从 10 ~ 24 变化。

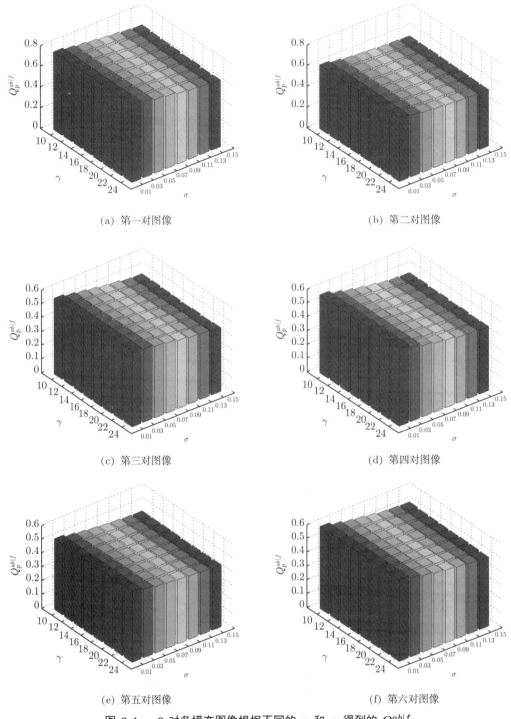

(a) 第一对图像

(b) 第二对图像

(c) 第三对图像

(d) 第四对图像

(e) 第五对图像

(f) 第六对图像

图 6.4   6 对多模态图像根据不同的 γ 和 σ 得到的 $Q_p^{ab|f}$

从图 6.4 可以看出，本文提出的方法在较宽的范围内对不同的 σ 和 γ 值具有鲁棒性。根据文献[105] 中设定的 3 个参数范围，我们将参数设置为：$\gamma = 12$ $\sigma = 0.01$ $\tau = 40/255$。

6.4.3　与具有代表性的保边滤波器作比较

为了证明 SGF 能够很好地保持结构信息，本节将其与具有代表性的保边滤波器进行比较，包括 BF[157]、WLS[89]、AD[171]、L0 平滑滤波器[106]（简称为 L0）和 CBF[181,182]。为了便于比较，我们将 SGF 应用到相同的方法框架中并对 6 对数据集进行实验。

由于篇幅的限制，这里仅仅展示单独的 CT/MRI 图像对融合结果如图 6.5 所示。从图中可以看出，基于 BF 和 L0 的方法没有很好地将 CT 轮廓信息融合到融合图像中，而基于 WLS、AD、CBF 和 SGF 的方法在保持结构完整性方面表现得很好，特别是基于 SGF 和 AD 的融合结果具有更高的亮度对比度和更清晰的结构信息。对 6 对图像融合结果的客观评价指标值如表 6.1 所示，其中，所有客观指标的最大值都用粗体标记。整体而言，基于 SGF 的融合结果在 6 对图像的五项指标中总是排名第一，反映了 SGF 具有较高的鲁棒性。在对 CT/MRI 图像对融合结果的客观评价中，可以看出基于 SGF 的方法相对于基于 AD 的方法可以获得更高的定量指标。因此，与其他边缘保持滤波器相比，SGF 能更好地保持图像结构。

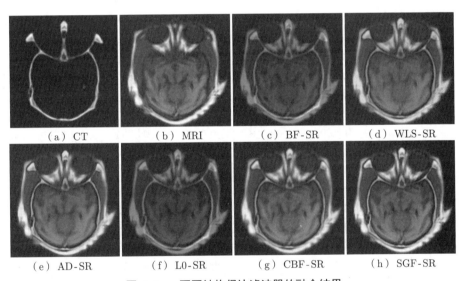

|（a）CT|（b）MRI|（c）BF-SR|（d）WLS-SR|
|（e）AD-SR|（f）L0-SR|（g）CBF-SR|（h）SGF-SR|

图 6.5　不同结构保边滤波器的融合结果

6.4.4　与具有代表性的先进方法进行比较

为了证明使用分割图滤波器的医学图像融合方法 (MSGF) 的有效性，本节进行了一个实验，并将结果与一些先进的方法进行了比较，分别是：基于 GF[107] 和 SR 的算法 (GFSR)，使用与 MSGF 相同的方案，仅采用不同的结构滤波器)、基于 SR 的方法 (ASR)[53]、基于向导图像滤波和图像统计的方法 (FFIS)[77]、基于参数自适应脉冲耦合神经网络的算法 (PANN)[162] 和相位一致和局部拉普拉斯能量法 (PCLE)[163]。为了进行公平的比较，本节使用了各个作者所提出的相同参数来产生最佳的融合结果。分别利用上述方法对图 6.3 所示的 6 组图像进行融合，所有测试图像大小为 256×256 像素，灰度值为 256 级。将所提出的医学融合方法应用于这些图像集中，融合结果及各集合放大区域如图 6.6 ～ 图 6.11 所示。

表 6.1　　6 对图像融合结果的客观评价指标值

Images	Metric	BF-SR	WLS-SR	AD-SR	L0-SR	CBF-SR	SGF-SR
图 6.3 (a) (b)	$Q_p^{ab\|f}$	0.4149	0.6777	0.6869	0.4144	0.7002	**0.7510**
	$Q_p^{xy\|f}$	0.6482	0.8543	0.8602	0.6472	0.8778	**0.8954**
	Q_{MI}	**0.9321**	0.5760	0.5925	0.9318	0.6226	0.7227
	Q_{NCIE}	**0.8217**	0.8102	0.8109	0.8216	0.8119	0.8153
	Q_{P}	0.8505	0.8222	0.8160	**0.8508**	0.8262	0.8399
图 6.3 (c) (d)	$Q_p^{ab\|f}$	0.4924	0.5686	0.5593	0.4929	0.5512	**0.6141**
	$Q_p^{xy\|f}$	0.7221	**0.8536**	0.8144	0.7227	0.8246	0.8484
	Q_{MI}	1.0985	0.7937	0.8000	1.1047	0.7783	0.8894
	Q_{NCIE}	0.8176	0.8120	0.8121	0.8137	0.8117	**0.8186**
	Q_{P}	0.7800	0.8179	0.7920	0.7800	0.7821	**0.8652**
图 6.3 (e) (f)	$Q_p^{ab\|f}$	0.3462	0.4292	0.4762	0.3459	0.4744	**0.5463**
	$Q_p^{xy\|f}$	0.7382	0.8092	0.8342	0.7258	0.8413	**0.9154**
	Q_{MI}	0.6889	0.7041	0.7213	0.6886	0.7219	**0.7906**
	Q_{NCIE}	0.8105	0.8112	0.8117	0.8105	0.8118	**0.8135**
	Q_{P}	0.6639	0.7158	0.7189	0.6637	0.7169	**0.7452**
图 6.3 (g) (h)	$Q_p^{ab\|f}$	0.4230	0.4477	0.4609	0.4025	0.4413	**0.5111**
	$Q_p^{xy\|f}$	0.7418	0.7870	0.7967	0.7208	0.7911	**0.8629**
	Q_{MI}	**0.8109**	0.5018	0.5183	0.5255	0.5118	0.5578
	Q_{NCIE}	0.8098	0.8098	0.8104	0.8102	0.8102	**0.8116**
	Q_{P}	0.7527	0.6597	0.6912	0.6240	0.6702	**0.7530**
图 6.3 (i) (j)	$Q_p^{ab\|f}$	0.4024	0.4649	0.4752	0.4232	0.5011	**0.5631**
	$Q_p^{xy\|f}$	0.7238	0.7886	0.8065	0.7412	**0.8420**	0.7824
	Q_{MI}	0.5252	0.7862	0.8010	0.8074	0.8114	**0.8401**
	Q_{NCIE}	0.8102	0.8100	0.8105	0.8098	0.8110	**0.8122**
	Q_{P}	0.6237	0.7470	0.7518	0.7550	0.7991	**0.8962**
图 6.3 (k) (l)	$Q_p^{ab\|f}$	0.3797	0.5130	0.5187	0.3797	0.5105	**0.5924**
	$Q_p^{xy\|f}$	0.7726	**0.8857**	0.8383	0.7726	0.8435	0.7471
	Q_{MI}	0.7234	0.7322	0.7308	0.7233	0.7201	**0.7690**
	Q_{NCIE}	0.8092	0.8100	0.8103	0.8092	0.8100	**0.8115**
	Q_{P}	0.7284	0.8105	0.8056	0.7281	0.7832	**0.8839**

为了更好地进行比较，放大的区域从图中相对应的位置提取出来并显示在图像底部。从图 6.6 (c) (d) ～ 图 6.11 (c) (d) 中 GFSR 和 ASR 方法的融合结果可以清楚地观察到存在一定的亮度和细节扭曲。此外，在基于 FFIS 方法的融合结果中可以观察到一些严重的伪影。其他方法在亮度和对比度方面取得了更好的性能，如图 6.6 (f) (g) (h) ～ 图 6.11 (f) (g) (h) 所示，但基于 PANN 和 PCLE 的融合结果中有一些细节缺失。

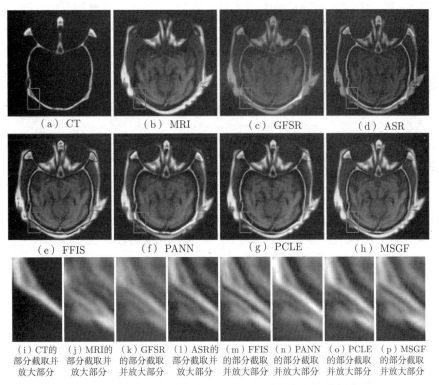

（a）CT　　　　（b）MRI　　　　（c）GFSR　　　　（d）ASR

（e）FFIS　　　　（f）PANN　　　　（g）PCLE　　　　（h）MSGF

（i）CT的　（j）MRI的　（k）GFSR　（l）ASR的　（m）FFIS　（n）PANN　（o）PCLE　（p）MSGF
部分截取并　部分截取并　的部分截取　部分截取并　的部分截取　的部分截取　的部分截取　的部分截取
放大部分　　放大部分　　并放大部分　放大部分　并放大部分　并放大部分　并放大部分　并放大部分

图 6.6　　第一对医学图像对于不同的融合方法的融合结果

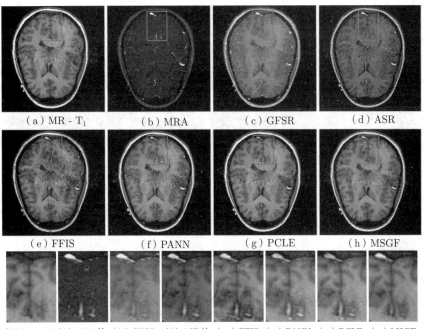

（a）MR - T₁　　　（b）MRA　　　（c）GFSR　　　　（d）ASR

（e）FFIS　　　　（f）PANN　　　　（g）PCLE　　　　（h）MSGF

（i）MR - T₁（j）MRA的　（k）GFSR　（l）ASR的　（m）FFIS　（n）PANN　（o）PCLE　（p）MSGF
的部分截取　部分截取并　的部分截取　部分截取并　的部分截取　的部分截取　的部分截取　的部分截取
并放大部分　放大部分　并放大部分　放大部分　并放大部分　并放大部分　并放大部分　并放大部分

图 6.7　　第二对医学图像对于不同的融合方法的融合结果

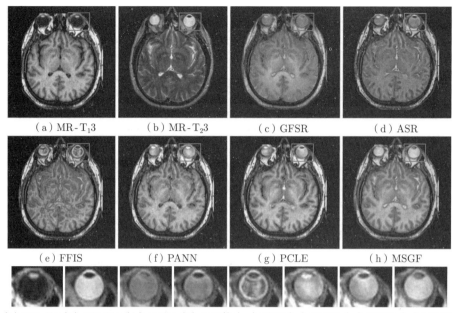

（a）MR-T$_1$3　　（b）MR-T$_2$3　　（c）GFSR　　（d）ASR

（e）FFIS　　（f）PANN　　（g）PCLE　　（h）MSGF

（i）MR-T$_1$3（j）MR-T$_2$3（k）GFSR（l）ASR的（m）FFIS（n）PANN（o）PCLE（p）MSGF
的部分截取　的部分截取　的部分截取　部分截取并　的部分截取　的部分截取　的部分截取　的部分截取
并放大部分　并放大部分　并放大部分　放大部分　并放大部分　并放大部分　并放大部分　并放大部分

图 6.8　　第三对医学图像对于不同的融合方法的融合结果

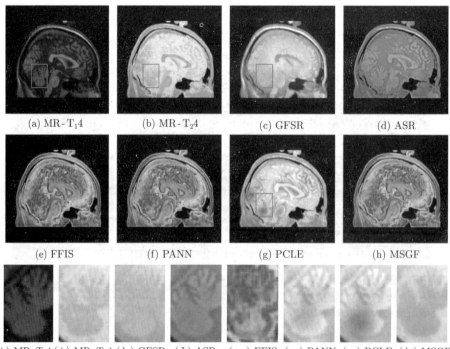

（a）MR-T$_1$4　　（b）MR-T$_2$4　　（c）GFSR　　（d）ASR

（e）FFIS　　（f）PANN　　（g）PCLE　　（h）MSGF

（i）MR-T$_1$4（j）MR-T$_2$4（k）GFSR（l）ASR（m）FFIS（n）PANN（g）PCLE（h）MSGF
的部分截取　的部分截取　的部分截取　的部分截取　的部分截取　的部分截取　的部分截取　的部分截取
并放大部分　并放大部分　并放大部分　并放大部分　并放大部分　并放大部分　并放大部分　并放大部分

图 6.9　　第四对医学图像对于不同的融合方法的融合结果

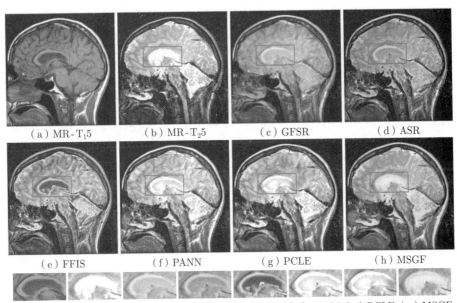

（a）MR-T$_1$5　　　（b）MR-T$_2$5　　　（c）GFSR　　　（d）ASR

（e）FFIS　　　（f）PANN　　　（g）PCLE　　　（h）MSGF

（i）MR-T$_1$5（j）MR-T$_2$5（k）GFSR　（l）ASR的　（m）FFIS （n）PANN （o）PCLE　（p）MSGF
的部分截取　的部分截取　的部分截取　部分截取并　的部分截取　的部分截取　的部分截取　的部分截取
并放大部分　并放大部分　并放大部分　放大部分　并放大部分　并放大部分　并放大部分　并放大部分

图 6.10　　　第五对医学图像对于不同的融合方法的融合结果

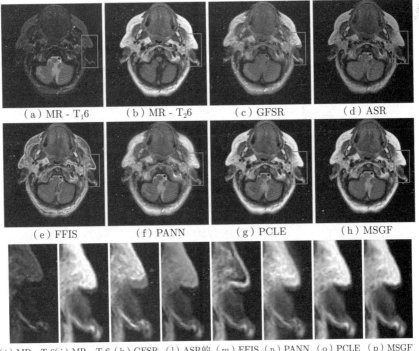

（a）MR-T$_1$6　　　（b）MR-T$_2$6　　　（c）GFSR　　　（d）ASR

（e）FFIS　　　（f）PANN　　　（g）PCLE　　　（h）MSGF

（i）MR-T$_1$6（j）MR-T$_2$6（k）GFSR　（l）ASR的　（m）FFIS （n）PANN （o）PCLE　（p）MSGF
的部分截取　的部分截取　的部分截取　部分截取并　的部分截取　的部分截取　的部分截取　的部分截取
并放大部分　并放大部分　并放大部分　放大部分　并放大部分　并放大部分　并放大部分　并放大部分

图 6.11　　　第六对医学图像对于不同的融合方法的融合结果

特别地,第一眼看上去图 6.8(p)不如图 6.8(m)和图 6.8(o)清楚。但需要注意的是,它们都是不同方法对应的融合结果放大后的图像。其中,图 6.8(m)为 FFIS 融合结果中提取的放大区域,可以清晰地观察到某些伪影。一些扭曲也可以在图 6.8(m)和(n)中看到。图 6.10(n)和图 6.10(p)表示图 6.10(f)和图 6.10(h)的放大区域。图 6.10(n)和图 6.10(o)在亮度对比度信息方面的视觉质量优于图 6.10(p),然而,在某些区域存在强度不一致的情况。所提出方法的融合结果比其他方法的结果更具竞争力。与图 6.10(h)和相应放大区域的融合结果(p)相比,PANN 和 PCLE 的融合结果(图 6.10(f)和(g)及其放大区域图 6.10(n)和(o)的亮度失真和对比失真较小。然而,与其他方法相比,所提出方法能更好地保持图像的结构和纹理细节。

除了主观评价外,还有 5 个客观评价指标被用来评价不同融合方法的结果。实验图像融合结果的客观评价指标如表 6.2 所示。在大多数评价指标上,基于 SGF 和 SR 方法的融合结果都达到了最大值,即在大多数情况下,该方法相对于其他方法在 5 个指标上的融合效果更好,从而也从主观和客观两个方面验证了该融合方法的有效性。

表 6.2   实验图像融合结果的客观评价指标值

Images	Metric	GFSR	ASR	FFIS	PANN	PCLE	MSGF
图 6.3 (a)(b)	$Q_p^{ab\|f}$	0.4331	0.7068	0.7002	0.6873	0.7299	**0.7510**
	$Q_p^{xy\|f}$	0.7043	0.7077	0.8503	0.7759	0.8888	**0.8909**
	Q_{MI}	0.3993	0.5011	0.7047	0.4230	0.5603	**0.7227**
	Q_{NCIE}	0.8080	0.8087	0.8139	0.8093	0.8086	**0.8146**
	Q_P	0.8370	0.8323	0.8034	0.8227	**0.8515**	0.8402
图 6.3 (c)(d)	$Q_p^{ab\|f}$	0.4767	0.6088	0.6046	0.5679	0.6031	**0.6115**
	$Q_p^{xy\|f}$	0.7521	0.8183	0.8457	0.8060	**0.8579**	0.8472
	Q_{MI}	0.7026	0.7428	0.7445	0.7154	0.7963	**0.8885**
	Q_{NCIE}	0.8095	0.8099	0.8107	0.8105	0.8124	**0.8148**
	Q_P	0.7491	0.8432	0.7500	0.7519	0.8359	**0.8665**
图 6.3 (e)(f)	$Q_p^{ab\|f}$	0.5307	0.6352	0.5214	0.5527	0.6190	**0.6948**
	$Q_p^{xy\|f}$	0.7205	0.8383	0.8359	0.7467	0.8080	**0.9150**
	Q_{MI}	0.6849	0.6638	0.7346	0.6413	0.6918	**0.7853**
	Q_{NCIE}	0.8099	0.8105	0.8122	0.8110	0.8121	**0.8134**
	Q_P	0.6849	0.7391	0.6860	0.7420	**0.7736**	0.7519
图 6.3 (g)(h)	$Q_p^{ab\|f}$	0.4784	0.5586	0.4781	0.5016	0.5623	**0.5640**
	$Q_p^{xy\|f}$	0.3914	**0.8139**	0.7410	0.5259	0.7489	0.7547
	Q_{MI}	0.5749	0.7132	0.6813	0.6106	0.6976	**0.8293**
	Q_{NCIE}	0.8087	0.8084	0.8086	0.8085	0.8090	**0.8122**
	Q_P	0.7361	0.7891	0.6478	0.6957	0.7446	**0.8958**
图 6.3 (i)(j)	$Q_p^{ab\|f}$	0.4223	**0.5519**	0.5290	0.5102	0.5173	0.5105
	$Q_p^{xy\|f}$	0.7311	0.8577	0.8023	0.8080	0.8227	**0.8631**
	Q_{MI}	0.4799	0.4653	0.4967	0.4541	0.4492	**0.5537**
	Q_{NCIE}	0.8091	0.8088	0.8097	0.8085	0.8085	**0.8115**
	Q_P	0.6260	0.7220	0.6246	0.6466	0.6654	**0.7562**

续表

Images	Metric	GFSR	ASR	FFIS	PANN	PCLE	MSGF
图 6.3 (k) (l)	$Q_p^{ab\|f}$	0.3594	0.5233	0.5421	0.4053	0.5658	**0.5925**
	$Q_p^{xy\|f}$	0.4818	**0.8377**	0.7178	0.6200	0.6079	0.7507
	Q_{MI}	0.5648	0.6658	0.7494	0.5881	0.7196	**0.7688**
	Q_{NCIE}	0.8080	0.8082	0.8103	0.8079	0.8102	**0.8115**
	Q_p	0.6909	0.7876	0.7561	0.6663	0.8307	**0.8833**

从表 6.2 可以看出，对于所有的测试图像，基于 SGF 和 SR 方法在几乎所有的度量上都优于 PANN 和 PCLE 方法。在主观视觉评价中，PANN 和 PCLE 方法的融合结果似乎优于本文方法，如图 6.8 (n) (p) ～ 图 6.10 (n) (p) 所示，但几乎在所有指标上，本节所提出的方法的客观评价值都高于这两种方法。

6.4.5　进一步与具有代表性的先进方法进行比较

尽管 MSGF 方法对某些图片来说效果并不是最好的，但就 5 个指标的平均归一化分数而言，它比其他方法都要好。归一化分数是通过将每个指标与最高的指标做除法来计算的[183]，定义为

$$\text{ANS} = \frac{\text{HM} - \text{MC}}{\text{HM}} \tag{6.36}$$

式中，ANS 为平均归一化分数，MC 和 HM 分别为度量值和与其对应的最大度量值。

为了节省空间，我们以表 6.3 中两组图像的客观值为例来说明平均归一化分数。在 5 种比较方法中，FFIS 和 PCLE 的平均归一化分值最高，分别比 MSGF 高 18.22% 和 24.93%。在图 6.6 (a) (b) 中，MSGF 的表现在 $Q_p^{ab\|f}$、$Q_w^{xy\|f}$、Q_{MI}、Q_{NCIE} 和 Q_p 上分别比 FFIS 好 6.75%、4.56%、2.49%、0.09% 和 4.32%，但是在 Q_p 上比 PCLE 低了 1.33%。对于图 6.6 (c) (d)，在 $Q_p^{ab\|f}$、$Q_w^{xy\|f}$、Q_{MI}、Q_{NCIE} 和 Q_p 测量中，MSGF 的表现分别比 PCLE 好 10.91%、11.69%、11.91% 和 0.16%，而 Q_p 差 2.81%。与其他算法相比，这些改进变得更加重要。MSGF 的主要优势是应用不同的融合规则对基图像和细节图像进行融合，使得 MSGF 能够保留源图像的结构和纹理细节信息。

6.4.6　计算效率

为了评价算法的计算效率，本节比较了不同融合方法的计算效率。为了不失一般性，实验是在一组 CT/MRI 图像对上进行的。算法在 Matlab 2013b 中实现，在 CPU 为 i5-6200U、内存为 4GB 的 PC 上运行。实验进行了一百次，测量每种方法的运行时间，然后计算统计平均值和标准差[184]。表 6.4 为不同融合方法的处理时间总结。可以看出，本文方法的计算效率高于其他 5 种方法。这是因为 SGF 是一个快速过滤器，这已经在部分学者的研究结果[105] 中得到了证实。

表 6.3　七种融合方法的平均归一化指标分数

图像	指标	不同的融合方法					
		GFSR	ASR	FFIS	PANN	PCLE	MSGF
图 6.3（a）（b）	$Q_p^{ab|f}$	35.54%	5.89%	6.75%	8.48%	2.81%	**0.00%**
	$Q_p^{xy|f}$	24.85%	20.56%	4.56%	12.91%	0.24%	**0.00%**
	Q_{MI}	44.75%	30.66%	2.49%	45.26%	27.49%	**0.00%**
	Q_{NCIE}	0.81%	7.24%	0.09%	0.65%	0.74%	**0.00%**
	Q_p	1.70%	2.25%	5.65%	3.38%	**0.00%**	1.33%
	总和	107.65%	66.60%	19.55%	70.68%	31.28%	**1.33%**
图 6.3（c）（d）	$Q_p^{ab|f}$	23.62%	8.58%	24.96%	20.45%	10.91%	**0.00%**
	$Q_p^{xy|f}$	21.26%	8.38%	8.64%	18.39%	11.69%	**0.00%**
	Q_{MI}	12.78%	15.47%	6.46%	18.34%	11.91%	**0.00%**
	Q_{NCIE}	0.43%	0.36%	0.15%	0.30%	0.16%	**0.00%**
	Q_p	11.47%	4.46%	11.36%	4.08%	**0.00%**	2.81%
	总和	69.56%	37.25%	51.57%	61.53%	34.67%	**2.81%**

表 6.4　不同算法的运行时间（s）

算法	GFSR	ASR	FFIS	PANN	PCLE	MSGF
平均值	0.69	146.11	30.82	26.45	7.59	0.60
标准差	0.63	37.39	24.78	11.55	2.04	0.12

　　因此，基于主观分析和 5 个客观评价指标，可以得出与现有方法相比，本节所提出的方法不仅保留了边缘信息，而且在较短的时间内获得了较好的融合结果。

6.5　结论

　　本章提出了一种基于 SGF 和 SR 的多模态医学图像融合算法，利用 SGF 将源医学图像分解为基图像和细节图像，并且提出了一种基于归一化香农熵的融合方法来融合基图像以保持对比度。利用 SR 技术和学习字典融合细节图像，从而保证可以从源图像中提取特征。实验结果表明，基于 SGF 和 SR 的融合方法能够实现与目前最先进的融合算法相当的融合效果。

第 7 章
总结与展望

本书集中阐述了数字图像处理中的两个方面：图像修复和图像融合，它们的相似之处在于两者的目的都是获得一幅清晰的图像以便满足人眼视觉特性和后续机器处理的需要。相关性字典和直方图字典已经被提出来用于基于稀疏表示的图像修复研究中，这两种类型的字典可以避免在构成字典过程中引入不相关的图像块，保证基于两种字典的图像修复算法可以获得较好的修复效果。对于图像融合，首先研究了利用相位一致性来计算聚焦谱，从而获得较为准确的聚焦区域提升融合效果。其次，利用回归滤波器进行多聚焦图像融合，它不仅可以用来细化聚焦谱，还可以保持图像中的结构信息。最后，将结构保边滤波器应用到医学图像融合中，由于其良好的保边特性，获得了较好的融合效果。

除了本书主要介绍的基于传统方法的图像修复和图像融合算法，基于深度学习的图像修复和图像融合也是很多学者目前的研究方向。基于深度学习的图像融合策略可以分为三类[11]：基于自动编码的图像融合[202-203]，基于传统卷积神经网络的图像融合[204-205]和基于生成对抗网络的的图像融合[206-207]。李等[208]提出的DenseFuse模型是基于自动编码图像融合的经典模型，在该模型中采用加法和L1范数融合策略进行图像融合。张等[209]提出一种端到端的基于卷积神经网络的PMGI模型，王等[44]提出了一种结合传统方法的卷积神经网络的方法。刘等[210]利用拉普拉斯金字塔变换和反变换得到图像分解和重建信息，而图像的融合权重是由卷积神经网络产生的。马等[211-212]基于GAN方法依赖于生成器和鉴别器之间的对抗博弈来估计目标的概率分布，以一种隐含的方式共同完成特征提取、特征融合和图像重建。杨等[213]提出一种基于对抗生成网络的GANFuse模型，该模型从信息组合的角度构建对抗模型。

基于深度学习的图像修复方法主要也可以分为三类：基于对抗生成网络的图像修复方法，基于变分自动编码器的图像修复方法和基于transformer的图像修复方法[214]。蔡[215]和刘[216]分别利用对抗生成网络来生成真实的绘画结果，并输入随机噪声以改善结果的多样性。还有一些研究者将变分自动编码器和对抗生成网络结合起来以便产生更加好的修复效果[217-219]。万[220]和于[221]采用transformer对重建图像的基本分布进行建模，每个采样向量对应一个结果。将深度学习应用于图像修复和图像融合将是本书作者将来的研究方向之一。

将图像修复与图像融合联系起来也是本书作者未来的一个研究方向。因为图像在进行融合之前难免受到自然或人为的破坏，造成图像的破损，那么必须得在图像融合之前，先进行图像修复，也就是说先修复再融合。这里以多聚焦图像"clock"为例来简单地对这一研究方向进行说明。首先，将多聚焦图像人为地加入本身并不需要的文本，这时多聚焦图像就变为破损图像。其次，利用修复算法将其修复，得到修复后的多聚焦图像。最后，利用两种在第 5 章已经介绍过的融合方法对修复好的多聚焦图像进行融合。多聚焦图像"clock"的修复与融合的结果如图 7.1 所示。

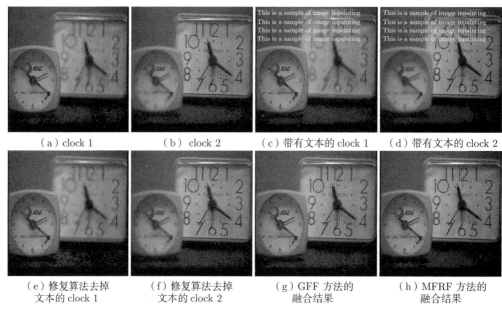

（a）clock 1　　　　（b）clock 2　　　（c）带有文本的 clock 1　　（d）带有文本的 clock 2

（e）修复算法去掉　　（f）修复算法去掉　　（g）GFF 方法的　　　（h）MFRF 方法的
　文本的 clock 1　　　　文本的 clock 2　　　　融合结果　　　　　　融合结果

图 7.1　　多聚焦图像"clock"的融合结果

参考文献

[1] WALDEN S. The ravished image[M]. New York: St. Martin's Press, 1985.

[2] EMILE-MALE G. The Restorer's Handbook of Easel Painting[J]. Restorers Bandbook of Easel Painting, 1976.

[3] BERTALMIO M, SAPIRO G, CASELLES V, et al. Image inpainting[C]//Proceedings of the 27th Annual Conference on Computer Graphics and Interactive Techniques. 2000: 417-424.

[4] XU Z, SUN J. Image inpainting by patch propagation using patch sparsity[J]. IEEE Transactions on Image Processing, 2010, 19(5): 1153-1165.

[5] GUILLEMOT C, LE MEUR O. Image inpainting: Overview and recent advances[J]. IEEE Signal Processing Magazine, 2014, 31(1): 127-144.

[6] JAM J, KENDRICK C, WALKER K, et al. A comprehensive review of past and present image inpainting methods[J]. Computer vision and image understanding, 2021, 203: 103147.

[7] Thanh D N H, Prasath V B S, Dvoenko S. An adaptive image inpainting method based on euler's elastica with adaptive parameters estimation and the discrete gradient method[J]. Signal Processing, 2021, 178: 107797.

[8] LI X P, LIU Q, SO H C. Rank-one matrix approximation with ℓp-norm for image inpainting[J]. IEEE Signal Processing Letters, 2020, 27: 680-684.

[9] FAN Q, ZHANG L. A novel patch matching algorithm for exemplar-based image inpainting[J]. Multimedia Toolsand Applications, 2018, 77: 10807-10821.

[10] LIU H, LU G, BI X, et al. Patch size adaptive image inpainting[J]. KSII Transactions on Internet & Information Systems, 2021, 15(10).

[11] ZHANG N, JI H, LIU L, et al. Exemplar-based image inpainting using angle-aware patch matching[J]. EURASIP Journal on Image and Video Processing, 2019: 1-13.

[12] 张亚秋. 多聚焦图像融合算法研究[D]. 重庆: 重庆大学, 2014.

[13] 李华锋. 多聚焦图像像素级融合方法研究[D]. 重庆: 重庆大学, 2012.

[14] 徐月美. 多尺度变换的多聚焦图像融合算法研究[D]. 徐州: 中国矿业大学, 2012.

[15] ZHA Z, YUAN X, WEN B, et al. Image restoration using joint patch-group-based sparse representation[J]. IEEE Transactions on Image Processing, 2020, 29: 7735-7750.

[16] 李伟. 像素级图像融合方法及应用研究[D]. 广州: 华南理工大学, 2006.

[17] 付和. 遥感图像融合的应用研究[J]. 科技创新导报, 2011(9): 1-1.

[18] ZHANG L, CHANG M, CHEN R. Image inpainting based on sparse representation using self-similar joint sparse coding[J]. Multimedia Tools and Applications, 2023: 1-17.

[19] YANG S, WANG M, JIAO L, et al. Image fusion based on a new contourlet packet[J]. Information Fusion, 2010, 11(2): 78-84.

[20] TOET A. Image fusion by a ration of low-pass pyramid[J]. Pattern Recognition Letters, 1989, 9(4): 245-253.

[21] TANG J. A contrast based image fusion technique in the DCT domain[J]. Digital Signal Processing, 2004, 14(3): 218-226.

[22] 魏冰蔗. 多聚焦图像融合的理论及算法研究 [D]. 西安：西安电子科技大学, 2021.

[23] XIE X Z, XU Y W. Multi-sensor image fusion scheme based on dual-tree complex wavelet transform[C]//2015 34th Chinese Conference Confererne (CCC). IEEE, 2015.

[24] PRAMANIK S, BHATTACHARJEE D, PRUSTY S. Multi-sensor image fusion based on statistical features and wavelet transform[C]//Computer Vision, Pattern Recognition, Image Processing and Graphics. IEEE, 2013.

[25] ZHANG H, XU H, TIAN X, et al. Image fusion meets deep learning: A survey and perspective[J]. Information Fusion, 2021, 76: 323-336.

[26] CHEN Y, BLUM R S. A new automated quality assessment algorithm for image fusion[J]. Image and vision computing, 2009, 27(10): 1421-1432.

[27] AGRAWAL D, SINGHAI J. Multi-focus image fusion using modified pulse coupled neural network for improved image quality[J]. IET Image Processing, 2010, 4(6): 443-451.

[28] ROCKINGER O. Image Sequence Fusion Using a Shift-Invariant Wavelet Transform[C]//Image Processing, 1997. Proceedings. International Conference on IEEE Campwcer Society, 1997.

[29] XU H, WANG Y, WU Y, et al. Infrared and multi-type images fusion algorithm based on contrast pyramid transform[J]. Infrared Physics & Technology, 2016, 78: 133-146.

[30] REENA BENJAMIN J, JAYASREE T. Improved medical image fusion based on cascaded PCA and shift invariant wavelet transforms[J]. International journal of computer assisted radiology and surgery, 2018, 13: 229-240.

[31] LI Y, ZHAO J, LV Z, et al. Medical image fusion method by deep learning[J]. International Journal of Cognitive Computing in Engineering, 2021, 2: 21-29.

[32] FARID M S, MAHMOOD A, AL-MAADEED S A. Multi-focus image fusion using content adaptive blurring[J]. Information fusion, 2019, 45: 96-112.

[33] ZHANG Y, LIU Y, SUN P, et al. IFCNN: A general image fusion framework based on convolutional neural network[J]. Information Fusion, 2020, 54: 99-118.

[34] ZHU Y, LI C, LUO B, et al. Dense feature aggregation and pruning for RGBT tracking[C]//Proceedings of the 27th ACM International Conference on Multimedia. 2019: 465-472.

[35] BHATNAGAR G, WU Q J, LIU Z. Directive contrast based multimodal medical image fusion in NSCT domain [J]. IEEE transactions on multimedia, 2013, 15(5): 1014-1024.

[36] AMARSAIKHAN D, SAANDAR M, GANZORIG M, et al. Comparison of multisource image fusion methods and land cover classification[J]. International Journal of Remote Sensing, 2012, 33(8): 2532-2550.

[37] 蔡佩宏. 基于多尺度和超分辨处理的多聚焦图像融合技术研究[D]. 成都：电子科技大学, 2021.

[38] 李素. 基于航迹质量分析的加权平均融合算法[J]. 现代计算机 (专业版), 2018(5): 12-15.

[39] KHERIF F, LATYPOVA A. Principal component analysis[G]//Machine Learning. Elsevier, 2020: 209-225.

[40] 蒋艺. 基于卷积神经网络的多聚焦图像融合算法研究[D]. 西安：西安科技大学, 2020.

[41] 岳建华, 王邵. 医学图像融合的应用与展望[J]. 中国医疗设备, 2007, 22(5): 48-50.

[42] PRIYA R M, VENKATESAN P. An effcient image segmentation and classification of lung lesions in pet and CT image fusion using DTWT incorporated SVM[J]. Microprocessors and Microsystems, 2021, 82: 103958.

[43] DU J, LI W, XIAO B, et al. Union Laplacian pyramid with multiple features for medical image fusion[J]. Neurocomputing, 2016, 194: 326-339.

[44] WANG K, ZHENG M, WEI H, et al. Multi-modality medical image fusion using convolutional neural network and contrast pyramid[J]. Sensors, 2020, 20(8): 2169.

[45] CHEN W, CHEN X. Focal-plane detection and object reconstruction in the noninterferometric phase imaging[J]. J Opt Soc Am A Opt Image Sci Vis, 2012, 29(4): 585-592.

[46] ZHANG X, LI X, FENG Y. A new multifocus image fusion based on spectrum comparison[J]. Signal Processing, 2016, 123: 127-142.

[47] LI S, KANG X, HU J, et al. Image matting for fusion of multi-focus images in dynamic scenes[J]. Information Fusion, 2013, 14(2): 147-162.

[48] FARID M S, MAHMOOD A, AL-MAADEED S A. Multi-focus image fusion using Content Adaptive Blurring [J]. Information Fusion, 2019, 45: 96-112.

[49] HAGHIGHAT M B A, AGHAGOLZADEH A, SEYEDARABI H. Multi-focus image fusion for visual sensor networks in DCT domain[J]. Computers & Electrical Engineering, 2011, 37(5): 789-797.

[50] WAN T, ZHU C, QIN Z. Multi-focus image fusion based on robust principal component analysis[J]. Pattern Recognition Letters, 2013, 34(9): 1001-1008.

[51] ZHAN K, LI Q, TENG J, et al. Multi-focus image fusion using phase congruency[J]. Journal of Electronic Imaging, 2015, 24(3): 033014.

[52] ZHAN K, XIE Y, WANG H, et al. Fast filtering image fusion[J]. Journal of Electronic Imaging, 2017, 26(6): 063004.

[53] LIU Y, LIU S, WANG Z. A general framework for image fusion based on multi-scale transform and sparse representation[J]. Information Fusion, 2015, 24: 147-164.

[54] LI S, KANG X, FANG L, et al. Pixel-level image fusion: A survey of the state of the art[J]. Information Fusion, 2017, 33: 100-112.

[55] YU B, JIA B, DING L, et al. Hybrid dual-tree complex wavelet transform and support vector machine for digital multi-focus image fusion[J]. Neurocomputing, 2016, 182: 1-9.

[56] HASSEN R, WANG Z, SALAMA M. Multi-focus Image Fusion Using Local Phase Coherence Measurement[C]//Proceedings of the 6th International Conference on Image Analysis and Recognition. 2009: 54-63.

[57] WAN T, CANAGARAJAH N, ACHIM A. Segmentation-driven image fusion based on alphastable modeling of wavelet coeffcients[J]. Multimedia IEEE Transactions on, 2009, 11(4): 624-633.

[58] ALSEELAWI N, HAZIM H T, SALIM ALRIKABI H T. A Novel Method of Multimodal Medical Image Fusion Based on Hybrid Approach of NSCT and DTCWT.[J]. International Journal of Online & Biomedical Engineering, 2022, 18(3).

[59] 王峰. 基于多尺度变换的多源图像融合方法研究 [D]. 西安：西北工业大学, 2019.

[60] 王禹. 基于多尺度字典学习的多聚焦图像融合方法 [D]. 吉林：吉林大学, 2022.

[61] 玉振明, 毛士艺, 高飞. 一种基于 Gabor 滤波的不同聚焦图像融合方法 [J]. 航空学报, 2005, 26(2): 219-223.

[62] 黄卉, 檀结庆. 一种新的基于清晰度的多聚焦图像融合规则 [J]. 计算机工程与应用, 2005, 41(14): 51-52.

[63] LI S, KWOK J T, WANG Y. Combination of images with diverse focuses using the spatial frequency[J]. Information Fusion, 2001, 2(3): 169-176.

[64] WANG M, SHANG X. A fast image fusion with discrete cosine transform[J]. IEEE Signal Processing Letters, 2020, 27: 990-994.

[65] HUANG W, JING Z. Evaluation of focus measures in multi-focus image fusion[J]. Pattern Recognition Letters, 2007, 28(4): 493-500.

[66] PARAMANANDHAM N, RAJENDIRAN K. Infrared and visible image fusion using discrete cosine transform and swarm intelligence for surveillance applications[J]. Infrared Physics & Technology, 2018, 88: 13-22.

[67] BURT P J, KOLCZYNSKI R J. Enhanced image capture through fusion[C]//1993. (4th) International Conference on Compuer Vision. IEEE, 1993.

[68] TOET A, VALETON J M, VAN RUYVEN L J. Merging thermal and visual images by a contrast pyramid[J]. Optical Engineering, 1989, 28(7): 789-792.

[69] 张点. 多聚焦图像融合算法研究 [D]. 桂林：桂林电子科技大学, 2021.

[70] FORSTER B, VILLE D V D, BERENT J, et al. Complex wavelets for extended depth-of-field: A new method for the fusion of multichannel microscopy images[J]. Microscopy Research and Technique, 2004, 65(1-2): 33-42.

[71] WAN T, CANAGARAJAH N, ACHIM A. Segmentation-driven image fusion based on alphastable modeling of wavelet coefficients[J]. Multimedia IEEE Transactions on, 2009, 11(4): 624-633.

[72] NENCINI F, GARZELLI A, BARONTI S, et al. Remote sensing image fusion using the curvelet transform[J]. Information fusion, 2007, 8(2): 143-156.

[73] PIELLA G. A general framework for multiresolution image fusion: from pixels to regions[J]. Information Fusion, 2003, 4(4): 259-280.

[74] HERMESSI H, MOURALI O, ZAGROUBA E. Multimodal medical image fusion review: Theoretical background and recent advances[J]. Signal Processing, 2021, 183: 108036.

[75] LI S, YANG B, HU J. Performance comparison of different multi-resolution transforms for image fusion[J]. Information Fusion, 2011, 12(2): 74-84.

[76] ZONG J J, QIU T S. Medical image fusion based on sparse representation of classified image patches[J]. Biomedical Signal Processing and Control, 2017, 34: 195-205.

[77] BAVIRISETTI D P, KOLLU V, GANG X, et al. Fusion of MRI and CT images using guided image filter and image statistics[J]. International Journal of Imaging Systems & Technology, 2017, 27(3): 227-237.

[78] YIN M, LIU X, LIU Y, et al. Medical image fusion with parameter-adaptive pulse coupled neural network in nonsubsampled shearlet transform domain[J]. IEEE Transactions on Instrumentation and Measurement, 2018(99): 1-16.

[79] WONG A, BISHOP W. Efficient least squares fusion of MRI and CT images using a phase congruency model[J]. Pattern Recognition Letters, 2008, 29(3): 173-180.

[80] SHABANZADE F, GHASSEMIAN H. Combination of wavelet and contourlet transforms for PET and MRI image fusion[C]//2017 artificial intelligence and signal processing conference (AISP). 2017: 178-183.

[81] YANG B, LI S. Pixel-level image fusion with simultaneous orthogonal matching pursuit[J]. Information fusion, 2012, 13(1): 10-19.

[82] DAS S, KUNDU M K. NSCT-based multimodal medical image fusion using pulse-coupled neural network and modified spatial frequency[J]. Medical & biological engineering & computing, 2012, 50(10): 1105-1114.

[83] TAMILSELVAN K S, MURUGESAN G. Survey and analysis of various image fusion techniques for clinical CT and MRI images[J]. International Journal of Imaging Systems and Technology, 2014, 24(2): 193-202.

[84] LIU S, ZHAO J, SHI M. Medical image fusion based on improved sum-modified-Laplacian[J]. International Journal of Imaging Systems and Technology, 2015, 25(3): 206-212.

[85] ZHAN K, LI Q, TENG J, et al. Multifocus image fusion using phase congruency[J]. Journal of Electronic Imaging, 2015, 24(3): 033014.

[86] ZHAN K, TENG J, LI Q, et al. A novel explicit multi-focus image fusion method[J]. Journal of Information Hiding and Multimedia Signal Processing, 2015, 6(3): 600-612.

[87] LIU S, ZHANG T, LI H, et al. Medical image fusion based on nuclear norm minimization[J]. International Journal of Imaging Systems & Technology, 2016, 25(4): 310-316.

[88] YANG L, GUO B, NI W. Multi-modality medical image fusion based on multiscale geometric analysis of contourlet transform[J]. Neurocomputing, 2008, 72(1-3): 203-211.

[89] FARBMAN Z, FATTAL R, LISCHINSKI D, et al. Edge-preserving decompositions for multi-scale tone and detail manipulation[C]//Acm Transactions on Graphics, 2008, 27(3): 1-10.

[90] DUAN C, WANG Z, XING C, et al. Infrared and visible image fusion using multi-scale edge-preserving decomposition and multiple saliency features[J]. Optik, 2021, 228: 165775.

[91] NEJATI M, SAMAVI S, SHIRANI S. Multi-focus image fusion using dictionary-based sparse representation[J]. Information Fusion, 2015, 25: 72-84.

[92] DIAN R, LI S, FANG L, et al. Multispectral and hyperspectral image fusion with spatial-spectral sparse representation[J]. Information Fusion, 2019, 49: 262-270.

[93] TROPP J A, GILBERT A C. Signal recovery from random measurements via orthogonal matching pursuit[J]. IEEE Transactions on information theory, 2007, 53(12): 4655-4666.

[94] TROPP J A, GILBERT A C, STRAUSS M J. Algorithms for simultaneous sparse approximation. Part I: Greedy pursuit[J]. Signal Processing, 2006, 86(3): 572-588.

[95] ZHANG Q, LIU Y, BLUM R S, et al. Sparse representation based multi-sensor image fusion for multi-focus and multi-modality images: A review[J]. Information Fusion, 2018, 40: 57-75.

[96] LIU Y, WANG Z. Simultaneous image fusion and denoising with adaptive sparse representation[J]. IET Image Processing, 2014, 9(5): 347-357.

[97] YANG B, LI S. Multifocus image fusion and restoration with sparse representation[J]. IEEE Transactions on Instrumentation and Measurement, 2010, 59(4): 884-892.

[98] RUBINSTEIN R, BRUCKSTEIN A M, ELAD M. Dictionaries for sparse representation modeling[J]. Proceedings of the IEEE, 2010, 98(6): 1045-1057.

[99] AHARON M, ELAD M, BRUCKSTEIN A, et al. K-SVD: An algorithm for designing overcomplete dictionaries for sparse representation[J]. IEEE Transactions on Signal Processing, 2006, 54(11): 4311.

[100] PATEL V M, CHELLAPPA R. Sparse representations, compressive sensing and dictionaries for pattern recognition [C]//The First Asian Conference on Pattern Recognition. 2011: 325-329.

[101] KIM M, HAN D K, KO H. Joint patch clustering-based dictionary learning for multimodal image fusion[J]. Information Fusion, 2016, 27: 198-214.

[102] XU K, WANG N, GAO X. Image Inpainting Based on Sparse Representation with Dictionary Pre-clustering[C] //Chinese Conference on Pattern Recognition. 2016: 245-258.

[103] SMITH J O. Introduction to digital filters: with audio applications: vol. 2[M]. W3k Publisling, 2007.

[104] GASTAL E S, OLIVEIRA M M. Domain transform for edge-aware image and video processing[C]//Acm Transactions on Graphics, 2011, 30(4): 1-12

[105] ZHANG F, DAI L, XIANG S, et al. Segment graph based image filtering: fast structure-preserving smoothing[C]//2015 IEEE International Conference on Computer Vision. IEEE, 2015.

[106] XU L, LU C, XU Y, et al. Image smoothing via L0 gradient minimization[C]//Acm Transactions on Graphics, 2011, 30(6): 174.

[107] HE K, SUN J, TANG X. Guided image filtering[C]//European Conference on Computer Vision. 2010: 1-14.

[108] PETROVIĆ V, DIMITRIJEVIĆ V. Focused pooling for image fusion evaluation[J]. Information fusion, 2015, 22: 119-126.

[109] YANG C, ZHANG J Q, WANG X R, et al. A novel similarity based quality metric for image fusion[J]. Information Fusion, 2008, 9(2): 156-160.

[110] HOSSNY M, NAHAVANDI S, CREIGHTON D. Comments on "Information measure for performance of image fusion"[J]. Electronics Letters, 2008, 44(18): 1066-1067.

[111] LIU Z, BLASCH E, XUE Z, et al. Objective assessment of multiresolution image fusion algorithms for context enhancement in night vision: a comparative study[J]. IEEE Transactions on Pattern Analysis and Machine Intelligence, 2012, 34(1): 94-109.

[112] ZHENG Y, ESSOCK E A, HANSEN B C, et al. A new metric based on extended spatial frequency and its application to DWT based fusion algorithms[J]. Information Fusion, 2007, 8(2): 177-192.

[113] WANG Z, BOVIK A C, SHEIKH H R, et al. Image quality assessment: from error visibility to structural similarity [J]. IEEE transactions on image processing, 2004, 13(4): 600-612.

[114] WANG Q, SHEN Y, JIN J. Performance evaluation of image fusion techniques[J]. Image Fusion, 2008: 469-492.

[115] Guillemot, C., Le, et al. Image Inpainting : Overview and Recent Advances[J]. Signal Processing Magazine, 2014, 31(1): 127-144.

[116] FADILI M J, STARCK J L, MURTAGH. Inpainting and zooming using sparse representations[J]. Computer Journal, 2009, 52(1): 64-79.

[117] XING C, WANG M, DONG C, et al. Using Taylor expansion and convolutional sparse representation for image fusion[J]. Neurocomputing, 2020, 402: 437-455.

[118] CRIMINISI A, PÉREZ P, TOYAMA K. Region filling and object removal by exemplar-based image inpainting[J]. IEEE Transactions on Image Processing, 2004, 13(9): 1200-1212.

[119] CRIMINISI A, PEREZ P, TOYAMA K. Object removal by exemplar-based inpainting[C]//2003 IEEE Computer Society Conference on Computer Vision and Pattern Recognition. IEEE, 2003.

[120] DENG L J, HUANG T Z, ZHAO X L. Exemplar-based image inpainting using a modified priority definition[J]. PloS One, 2015, 10(10): e0141199.

[121] MAIRAL J, ELAD M, SAPIRO G. Sparse representation for color image restoration[J]. IEEE Transactions on Image Processing, 2008, 17(1): 53-69.

[122] ELAD M, AHARON M. Image denoising via sparse and redundant representations over learned dictionaries[J]. IEEE Transactions on Image processing, 2006, 15(12): 3736-3745.

[123] AHARON M, ELAD M, BRUCKSTEIN A. rmk-SVD: An algorithm for designing overcomplete dictionaries for sparse representation[J]. IEEE Transactions on Signal Processing, 2006, 54(11): 4311-4322.

[124] YAGHOOBI M, WU D, DAVIES M E. Fast non-negative orthogonal matching pursuit[J]. IEEE Signal Processing Letters, 2015, 22(9): 1229-1233.

[125] HUANG W, BI W, GAO G, et al. Image smoothing via a scale-aware filter and L0 norm[J]. IET Image Processing, 2018, 12(9): 1521-1528.

[126] KOVESI P. Phase congruency: A low-level image invariant[J]. Psychological Research, 2000, 64(2): 136-148.

[127] KOVESI P. Phase congruency detects corners and edges[J]. Australian Pattern Recognition Society Conference: DICTA, 2003: 309-318.

[128] GABOR D. Theory of communication. IEEE[J]. Journal of the Institute of Electrical Engineers of Japan, 1946, 93: 429-457.

[129] 高梓瑞. Gabor 滤波器在纹理分析中的应用研究 [D]. 武汉: 武汉理工大学, 2012.

[130] HAYAT N, IMRAN M. Detailed and enhanced multi-exposure image fusion using recursive filter[J]. Multimedia Tools and Applications, 2020, 79(33-34): 25067-25088.

[131] FIELD D J. Relations between the statistics of natural images and the response properties of cortical cells.[J]. Journal of the Optical Society of America A Optics Image Science, 1987, 4(12): 2379-2394.

[132] 尚志涛, 于明, 李锵, 等. Log Gabor 小波性能分析及其在相位一致性中应用 [J]. 天津大学学报: 自然科学与工程技术版, 2003, 36(4): 443-446.

[133] OPPENHEIM A V, LIM J S. The importance of phase in signals[J]. Proceedings of the IEEE, 1981, 69(5): 529-541.

[134] 李媛源. 像素级多源图像融合方法及其应用研究 [D]. 徐州: 中国矿业大学, 2021.

[135] MORRONE M C, ROSS J, Burr, et al. Mach bands are phase dependent[J]. Nature, 1986, 324(6094): 250-253.

[136] MORRONE M C, OWENS R A. Feature detection from local energy[J]. Pattern Recognition Letters, 2014, 6(5): 303-313.

[137] KOVESI P. Image features from phase congruency[J]. Videre: Journal of computer vision research, 1999, 1(3): 1-26.

[138] MORLET J, ARENSZ G, FOURGEAU E, et al. Wave propagation and sampling theory-Part II: Sampling theory and complex waves[J]. Geophysics, 1982, 47(2): 222-236.

[139] 祝世平, 房建成, 周锐. 一种新的能量谱熵图像聚焦评价函数 [J]. 北京航空航天大学学报, 1999, 25(6): 720-723.

[140] BHATARIA K C, SHAH B K. A review of image fusion techniques[C]//2018 second international conference on computing methodologies and communication (ICCMC). 2018: 114-123.

[141] NAYAR S K, NAKAGAWA Y. Shape from focus[J]. IEEE Transactions on Pattern Analysis and Machine Intelligence, 1994, 16(8): 824-831.

[142] SINGH S, MITTAL N, SINGH H. Multifocus image fusion based on multiresolution pyramid and bilateral filter [J]. IETE Journal of Research, 2022, 68(4): 2476-2487.

[143] 高超. 图像融合评价方法的研究 [J]. 电子测试, 2011(7): 30-33.

[144] XYDEAS C S, PETROVIC V. Objective image fusion performance measure[J]. Electronics Letters, 2000, 36(4): 308-309.

[145] YANG C, ZHANG J Q, WANG X R, et al. A novel similarity based quality metric for image fusion[J]. Information Fusion, 2008, 9(2): 156-160.

[146] ZHAO J, LAGANIERE R, LIU Z. Performance assessment of combinative pixel-level image fusion based on an absolute feature measurement[J]. International Journal of Innovative Computing Information and Control Ijicic, 2006, 3(6): 1433-1447.

[147] BURT P J. The Pyramid as a Structure for Efficient Computation[M]. Berlin Heidelberg: Springer, 1984: 6-35.

[148] 黄光华, 倪国强, 张彬. 一种基于视觉阈值特性的图像融合方法 [J]. 北京理工大学学报, 2006, 26(10): 907-911.

[149] HE K, SUN J, TANG X. Guided Image Filtering[J]. Pattern Analysis and Machine Intelligence IEEE Transactions on, 2013, 35(6): 1397-1409.

[150] ZHOU Z, LI S, WANG B. Multi-scale weighted gradient-based fusion for multi-focus images[J]. Information Fusion, 2014, 20(1): 60-72.

[151] SHUTAO L, XUDONG K, JIANWEN H. Image fusion with guided filtering.[J]. IEEE Transactions on Image Processing, 2013, 22(7): 2864-2875.

[152] KUMAR B S. Image fusion based on pixel significance using cross bilateral filter[J]. Signal, Image and Video Processing, 2015, 9(5): 1193-1204.

[153] KUMAR B S. Multi-focus and multi-spectral image fusion based on pixel significance using discrete cosine harmonic wavelet transform[J]. Signal, Image and Video Processing, 2013, 7(6): 1125-1143.

[154] LIU Y, WANG Z. Multi-focus image fusion based on wavelet transform and adaptive block[J]. Journal of Image and Graphics, 2013, 18(11): 1435-1444.

[155] LEWIS J J, O' CALLAGHAN R J, NIKOLOV S G, et al. Pixel-and region-based image fusion with complex wavelets[J]. Information Fusion, 2007, 8(2): 119-130.

[156] LIU Y, LIU S, WANG Z. Medical image fusion by combining nonsubsampled contourlet transform and sparse representation[C]//Chinese Conference on Pattern Recognition. 2014: 372-381.

[157] TOMASI C, MANDUCHI R. Bilateral filtering for gray and color images[C]//Sixth International Conference on Computer Vision, 1998: 839-846.

[158] ZHAO J, FENG H, XU Z, et al. Detail enhanced multi-source fusion using visual weight map extraction based on multiscale edge preserving decomposition[J]. Optics Communications, 2013, 287: 45-52.

[159] LIU W, CHEN X, SHEN C, et al. Robust guided image filtering[J]. arXiv preprint arXiv:1703.09379, 2017.

[160] LI W, XIE Y, ZHOU H, et al. Structure-Aware Image Fusion[J]. Optik, 2018.

[161] PAUL S, S S I, AGATHOKLIS P. Multi-exposure and multi-focus image fusion in gradient domain[J]. Journal of Circuits, Systems and Computers, 2016, 25(10): 1650123.

[162] YIN M, LIU X, LIU Y, et al. Medical Image Fusion With Parameter-Adaptive Pulse Coupled Neural Network in Nonsubsampled Shearlet Transform Domain[J]. IEEE Transactions on Instrumentation and Measurement, 2019, 68(1): 49-64.

[163] ZHU Z, ZHENG M, QI G, et al. A Phase Congruency and Local Laplacian Energy Based MultiModality Medical Image Fusion Method in NSCT Domain[J]. IEEE Access, 2019, 7: 20811-20824.

[164] BHATNAGAR G, WU Q J, LIU Z. A new contrast based multimodal medical image fusion framework[J]. Neurocomputing, 2015, 157: 143-152.

[165] BARRA V, BOIRE J Y. A general framework for the fusion of anatomical and functional medical images[J]. NeuroImage, 2001, 13(3): 410-424.

[166] PRAKASH O, PARK C M, KHARE A, et al. Multi-scale Fusion of Multi-modal Medical Images using Lifting Scheme based Biorthogonal Wavelet Transform[J]. Optik, 2019.

[167] LI Q, CHEN G, ZHAN K, et al. Multi-focus image fusion using structure-preserving filter[J]. Journal of Electronic Imaging, 2019, 28(2): 1.

[168] PATIL U, MUDENGUDI U. Image fusion using hierarchical PCA.[C]// 2011 International Conference on Image Information Processing. 2011: 1-6.

[169] LI T, WANG Y. Biological image fusion using a NSCT based variable-weight method[J]. Information Fusion, 2011, 12(2): 85-92.

[170] BAVIRISETTI D P, DHULI R. Multi-focus image fusion using multi-scale image decomposition and saliency detection[J]. Ain Shams Engineering Journal, 2016.

[171] LI X, ZHOU F, TAN H. Joint image fusion and denoising via three-layer decomposition and sparse representation[J]. Knowledge-Based Systems, 2021, 224: 107087.

[172] BAVIRISETTI D P, XIAO G, LIU G. Multi-sensor image fusion based on fourth order partial differential equations [C]//International Conference on Information Fusion. 2017.

[173] OLSHAUSEN B A, FIELD D J. Emergence of simple-cell receptive field properties by learning a sparse code for natural images[J]. Nature, 1996, 381(6583): 607.

[174] WRIGHT J, YANG A Y, GANESH A, et al. Robust face recognition via sparse representation[J]. IEEE Transactions on Pattern Analysis and Machine Intelligence, 2009, 31(2): 210-227.

[175] GUHA T, WARD R K. Learning sparse representations for human action recognition[J]. IEEE Transactions on Pattern Analysis and Machine Intelligence, 2012, 34(8): 1576-1588.

[176] YUAN X T, LIU X, YAN S. Visual classification with multi-task joint sparse representation[J]. IEEE Transactions on Image Processing, 2012, 21(10): 4349-4360.

[177] ZHANG Q, MALDAGUE X. An adaptive fusion approach for infrared and visible images based on NSCT and compressed sensing[J]. Infrared Physics & Technology, 2016, 74: 11-20.

[178] WEI Q, BIOUCAS-DIAS J, DOBIGEON N, et al. Hyperspectral and multi-spectral image fusion based on a sparse representation[J]. IEEE Transactions on Geoscience and Remote Sensing, 2015, 53(7): 3658-3668.

[179] STATHAKI T. Image fusion: algorithms and applications[M]. Elsevier, 2011.

[180] JIYING Z, ROBERT L, LIU Z. Performance assessment of combinative pixel-level image fusion based on an absolute feature measurement[J]. International journal of innovative computing, information & control: IJICIC, 2006, 3.

[181] PETSCHNIGG G, SZELISKI R, AGRAWALA M, et al. Digital photography with flash and no-flash image pairs [C]//Acm Transactions on Graphics, 2004, 23(3): 664-672.

[182] EISEMANN E, DURAND F. Flash photography enhancement via intrinsic relighting[C]//ACM transactions on graphics (TOG), 2004, 23(3): 673-678.

[183] LIU S, CHEN J, RAHARDJA S. A New Multi-focus Image Fusion Algorithm and Its Efficient Implementation [J]. IEEE Transactions on Circuits and Systems for Video Technology, 2019, 30(5): 1374-1384.

[184] YIN M, LIU X, LIU Y, et al. Medical Image Fusion With Parameter-Adaptive Pulse Coupled Neural Network in Nonsubsampled Shearlet Transform Domain[J]. IEEE Transactions on Instrumentation and Measurement, 2018, 68(1): 49-64.

[185] LIU Y, WANG Z. Simultaneous image fusion and denoising with adaptive sparse representation[J]. Image Processing Iet, 2014, 9(5): 347-357.

[186] CHEN W, QUAN C, TAY C J. Extended depth of focus in a particle field measurement using a single-shot digital hologram[J]. Applied Physics Letters, 2009, 95(20): 201103.

[187] CHENG S, CHOI H, WU Q, et al. Extended depth-of-field microscope imaging: Mpp image fusion vs. wavefront coding[C]//IEEE International Conference on Image Processing. IEEE, 2007.

[188] DARWISH S M. Multi-level fuzzy contourlet-based image fusion for medical applications[J]. IET Image Processing, 2013, 7(7): 694-700.

[189] JIANG Y, WANG M. Image fusion using multiscale edge-preserving decomposition based on weighted least squares filter[J]. IET image Processing, 2014, 8(3): 183-190.

[190] KHAN R A, KONIK H, DINET É. Enhanced image saliency model based on blur identification[C]//IEEE. IEEE, 2010: 1-7.

[191] LI S, KANG X. Fast multi-exposure image fusion with median filter and recursive filter[J]. IEEE Transactions on Consumer Electronics, 2012, 58(2).

[192] NEJATI M, SAMAVI S, KARIMI N, et al. Surface area-based focus criterion for multi-focus image fusion[J]. Information Fusion, 2017, 36: 284-295.

[193] PETROVIC V, XYDEAS C. Objective pixel-level image fusion performance measure[C]//Proceedings of SPIE: vol. 4051. 2000: 89-98.

[194] PETROVIC V S, XYDEAS C S. Gradient-based multiresolution image fusion[J]. IEEE Transactions on Image processing, 2004, 13(2): 228-237.

[195] SELESNICK I W, BARANIUK R G, KINGSBURY N C. The dual-tree complex wavelet transform[J]. IEEE signal processing magazine, 2005, 22(6): 123-151.

[196] SHREYAMSHA KUMAR B K, SWAMY M N S, OMAIR AHMAD M. Multi-resolution DCT decomposition for multifocus image fusion[C]//26th Annual IEEE Canadian Conference on Electrical and Computer Engineering (CCECE), 2013: 1-4.

[197] SUBBARAO M, CHOI T S, NIKZAD A. Focusing techniques[J]. Optical Engineering, 1993, 32(11): 2824-2837.

[198] YANG B, LI S. Multi-focus image fusion based on spatial frequency and morphological operators[J]. Chinese Optics Letters, 2007, 5(8): 452-453.

[199] YANG B, LI S, SUN F. Image fusion using nonsubsampled contourlet transform[C]//Fourth International Conference on. Image and Graphics, 2007: 719-724.

[200] ZHAN K, WANG H, XIE Y, et al. Albedo recovery for hyperspectral image classification[J]. Journal of Electronic Imaging, 2017, 26(4): 043010.

[201] ZHANG X, LI X, LIU Z, et al. Multi-focus image fusion using image-partition-based focus detection[J]. Signal Processing, 2014, 102: 64-76.

[202] AZARANG A, MANOOCHEHRI H, KEHTARNAVAZ N. Convolutional autoencoder-based multispectral image fusion[J]. IEEE access, 2019, 7: 35673-35683.

[203] DUFFHAUSS F, VIEN N A, ZIESCHE H, et al. FusionVAE: A Deep Hierarchical Variational Autoencoder for RGB Image Fusion[C]//Computer Vision–ECCV 2022: 17th European Conference, Tel Aviv, Israel, October 23–27, 2022, Proceedings, Part XXXIX. 2022: 674-691.

[204] LI J, GUO X, LU G, et al. DRPL: Deep regression pair learning for multi-focus image fusion[J]. IEEE Transactions on Image Processing, 2020, 29: 4816-4831.

[205] XIAO B, XU B, BI X, et al. Global-feature encoding U-Net (GEU-Net) for multi-focus image fusion[J]. IEEE Transactions on Image Processing, 2020, 30: 163-175.

[206] GUO X, NIE R, CAO J, et al. FuseGAN: Learning to fuse multi-focus image via conditional generative adversarial network[J]. IEEE Transactions on Multimedia, 2019, 21(8): 1982-1996.

[207] ZHANG H, LE Z, SHAO Z, et al. MFF-GAN: An unsupervised generative adversarial network with adaptive and gradient joint constraints for multi-focus image fusion[J]. Information Fusion, 2021, 66: 40-53.

[208] LI H, WU X J. DenseFuse: A fusion approach to infrared and visible images[J]. IEEE Transactions on Image Processing, 2018, 28(5): 2614-2623.

[209] ZHANG H, XU H, XIAO Y, et al. Rethinking the image fusion: A fast unified image fusion network based on proportional maintenance of gradient and intensity[C]//Proceedings of the: vol. 34: 07. 2020: 12797-12804.

[210] LIU Y, CHEN X, CHENG J, et al. A medical image fusion method based on convolutional neural networks[C]// 2017 20th international conference on information fusion (Fusion). 2017: 1-7.

[211] MA J, YU W, LIANG P, et al. FusionGAN: A generative adversarial network for infrared and visible image fusion [J]. Information fusion, 2019, 48: 11-26.

[212] MA J, XU H, JIANG J, et al. DDcGAN: A dual-discriminator conditional generative adversarial network for multiresolution image fusion[J]. IEEE Transactions on Image Processing, 2020, 29: 4980-4995.

[213] YANG Z, CHEN Y, LE Z, et al. GANFuse: a novel multi-exposure image fusion method based on generative adversarial networks[J]. Neural Computing and Applications, 2021, 33: 6133-6145.

[214] XIANG H, ZOU Q, NAWAZ M A, et al. Deep learning for image inpainting: A survey[J]. Pattern Recognition, 2023, 134: 109046.

[215] CAI W, WEI Z. PiiGAN: generative adversarial networks for pluralistic image inpainting[J]. IEEE Access, 2020, 8: 48451-48463.

[216] LIU H, WAN Z, HUANG W, et al. Pd-gan: Probabilistic diverse gan for image inpainting[C]//Proceedings of the IEEE/CVF Conference on Computer Vision and Pattern Recognition. 2021: 9371-9381.

[217] ZHENG C, CHAM T J, CAI J. Pluralistic image completion[C]//Proceedings of the IEEE/CVF Conference on Computer Vision and Pattern Recognition. 2019: 1438-1447.

[218] ZHAO L, MO Q, LIN S, et al. Uctgan: Diverse image inpainting based on unsupervised cross-space translation[C]//Proceedings of the IEEE/CVF conference on computer vision and pattern recognition. 2020: 5741-5750.

[219] PENG J, LIU D, XU S, et al. Generating diverse structure for image inpainting with hierarchical VQ-VAE[C]//Proceedings of the IEEE/CVF Conference on Computer Vision and Pattern Recognition. 2021: 10775-10784.

[220] WAN Z, ZHANG J, CHEN D, et al. High-fidelity pluralistic image completion with transformers[C]//Proceedings of the IEEE/CVF International Conference on Computer Vision. 2021: 4692-4701.

[221] YU Y, ZHAN F, WU R, et al. Diverse image inpainting with bidirectional and autoregressive transformers[C]// Proceedings of the 29th ACM International Conference on Multimedia. 2021: 69-78.